U0192356

人类吸猫简史

正经婶儿 · 著

电子工业出版社
Publishing House of Electronics Industry
北京 · BEIJING

图书在版编目（CIP）数据

人类吸猫简史 / 正经婶儿著.—北京：电子工业出版社，2023.4
ISBN 978-7-121-44289-6

Ⅰ.①人… Ⅱ.①正… Ⅲ.①猫—普及读物 Ⅳ.①Q959.838-49

中国版本图书馆 CIP 数据核字（2022）第 169177 号

责任编辑：周　林
印　　刷：北京盛通印刷股份有限公司
装　　订：北京盛通印刷股份有限公司
出版发行：电子工业出版社
　　　　　北京市海淀区万寿路173信箱　　邮编：100036
开　　本：787×1 092　1/32　印张：9.5　字数：182千字　彩插：2
版　　次：2023 年4月第 1 版
印　　次：2023 年4月第 1 次印刷
定　　价：88.00元

凡所购买电子工业出版社图书有缺损问题，请向购买书店调换。若
书店售缺，请与本社发行部联系，联系及邮购电话：（010）88254888，
88258888。

质量投诉请发邮件至 zlts@phei.com.cn，盗版侵权举报请发邮件至
dbqq@phei.com.cn。

本书咨询联系方式：25305573（QQ）。

/ 明朝嘉靖皇帝朱厚熜下令金棺葬猫

/ 明朝嘉靖皇帝朱厚熜和爱猫"霜眉"

/ 乾隆皇帝点评猫奴皇帝明宣宗朱瞻基的《花下狸奴图》

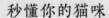

吸猫说明书

秒懂你的猫咪

猫咪的功能
（它能给你带来）

- 可爱的外表和柔软的皮肤，一个眼神卖萌，瞬间就能治愈你！

- 边界感强，爱干净，生活习惯好，让你整个屋子充满朝气！

- 经常互动，可有效缓解身体疲惫和焦虑，释放压力变愉悦！

- 各种姿势会"说话"，表情达意，不仅会陪伴你还会关爱你！

注意事项
（猫咪想对你说）

1. 虽然很想陪伴你走完你的一生，但我的一生通常只能活 10~15 年。分别虽然很痛苦，但我觉得能互相陪伴的每一分钟，都会令你我愉悦且幸福；

2. 任何相处都需要磨合，如果能更耐心地给予我们彼此相处的时间，相信我们会相处得更好且更能互相理解，所以，一定不要对我发脾气哦！

3. 请善待我，因为世界上最珍惜、最需要你的爱心的是我，别生气太久，也别把我关起来。因为，你有你的生活 / 朋友 / 工作 / 娱乐，而我，只有你。

4. 我喜欢你和我说话，虽然我听不懂你的语言，但我认得你的声音，你是知道的，在你回家时我是多么高兴，因为我一直在竖着耳朵等待你的脚步声。

5. 请别打我，记住，我有反抗的牙齿，但我不会咬你。

6. 带我去绝育，这样我会更健康、长寿。

7. 请注意你对待我的方式，我会永远记住。如果它是残酷的，可能会影响我的一生。

8. 在你觉得我懒，觉得我不再又跑又跳或者不听话时，在骂我之前，请想想也许是我出了什么问题，也许我吃的东西不对，也许我病了，也许我老了。

9. 当我老了，不再像小宝贝时那么可爱，请你仍然对我好，仍然照顾我，带我看病，因为我们都会有老的一天。

10. 当我已经很老的时候，当我的健康已经逝去、无法正常生活的时候，请不要想方设法让我继续活下去。因为我已经不行了，我知道你也不想我离开，但请接受这个事实，并在最后的时刻与我在一起。求求你一定不要说着"我不忍心看它死去"而走开，因为在我生命的最后一刻，如果能在你怀里离开这个世界，听着你的声音，我就什么都不怕，你就是我的家，我爱你！

相处方法
（友爱共处原则）

- 以平静且自信的情绪靠近它，身子可蹲下放低，以减轻对猫咪的压迫感，缓慢且温柔地眨眼；

- 如果你不知道摸哪里会让猫咪舒服，就轻柔地摸摸它的头部或下巴，让它对你增加好感度；

- 允许它霸占你的地盘、对你各种蹭蹭、轻舔你的手指，这是猫咪熟悉你的气息和喜欢你的表现；

- 尊重猫咪的习性，它也是一个具有独立行动能力的个体，不要苛求猫咪，理解和接纳会让你们更幸福。

——天演文化出品

一日吸猫，终身戒猫

　　我是从两年多前开始写这本书的。彼时我是一个经过差不多十年学术训练的中国古代历史研究者，同时也是两只猫的"铲屎官"。我脑海中关于人类吸猫的历史有很多大大小小的疑问：

　　第一只猫是在什么地方出现的？

　　它们是什么时候来到我们身边的？

　　古代人吸猫吗？他们像我们这样为猫心醉沉迷、甘愿俯首为奴吗？

　　西方人和东方人对待猫的态度是一样的吗？

什么时候开始，散养猫变成了圈养猫，足不出户的猫成为主流？

历史上有哪些大人物喜欢吸猫，他们和猫之间有什么秘闻？

…………

我很难一下子找到答案。

我翻阅书籍、查阅文献，发现关于人类吸猫的资料不少，但都散见于各种东西方古代典籍和资料中，等待有心人的发掘和整理。

更令我激动万分的是，中国古人对吸猫的沉迷程度，远远超出我们的想象。但令我遗憾不已的是，这些鲜少被提及。

我开始废寝忘食地钻研史料，由于几乎没有系统的资料可供参考，爬梳资料的过程非常艰难，但是，我从无退却。

随着钻研的深入，我发现了人类吸猫历史中的不少秘闻。我明白了为什么古往今来，那么多人沉迷于吸猫无法自拔——人和猫本来处于两个世界，却阴差阳错地走到了一起。

这本书就是为热爱吸猫者所作。

吸猫者中，有男有女，有凡人也有大佬，有养猫者，也有

"云养猫"者，有社会的中坚，也有人群中的异类，有耄耋老人，也有独居青年……这些人形形色色，难以归类，不过他们唯一的共同点就是：爱猫，关心猫，渴望探究猫，并且陷入猫的香软甜美中不能自拔。

因此，本书就将你所不知道的人类吸猫史全盘托出，想要了解人们古往今来的吸猫史，你看这一本书就够了。

第一章，探究猫的起源。第一只猫究竟是怎样来到人类身边的？猫在早期人类的生活中究竟留下了怎样的印记？我们都以为是人类驯化了猫，但或许是猫给了人类这样的错觉。

第二章，讲述猫是如何从古埃及到欧洲、从中东到亚洲的。在自我驯化的过程中，猫在历史上究竟有哪些命运沉浮？它又是怎样忍辱负重，等待人类文明的曙光的？

第三章，浓墨重彩地描绘了中国古人吸猫的日常。在这一章中，你会发现，吸猫成瘾的陆游和语文课本中的陆游不太一样，爱猫成痴的宋朝人似乎也比历史书上的宋朝人有血有肉许多。古代普通人吸猫，王公贵族也吸猫，宋朝皇帝画猫，明代皇帝养猫。大家熟知的乾隆皇帝也会在这一章里与大家见面，他不仅吸猫，而且吸大猫。作为真情实感吸猫的典范，乾隆皇帝还和猫食盆有一段不可不说的故事。

第四章，讲述猫与文人、艺术家不得不说的故事。新中国成立前后，北京的文艺圈非常热闹，新凤霞是评剧女皇，老舍先生又是她的媒人，齐白石老人是新凤霞的师父，这三个人还有一个共同的标签，就是喜欢吸猫。除此之外，丰子恺、钱钟书等，都是吸猫爱好者。猫见过人类最坏的一面，终于迎来了人类最好的一面。人们为什么喜欢吸猫呢？或许是猫点燃了人类内心深处的温柔和爱意吧。

第五章，讲述猫怎样实现了一个物种的逆袭。从猫砂的发明到猫咪经济学的兴起，从养猫大军到"云养猫"大军的异军突起，在猫掌控世界的重要一环中，猫治愈了人类。

数千年来，猫陪伴人类从野蛮走到文明，人和猫的关系在"吸"的这个动作中，得到了双向的深化。《小王子》中说：什么是驯化呢？驯化就是花费时间。而正是因为我们在彼此身上花费了如此多的时间，所以才让彼此显得如此重要。

在有些人看来，猫的世界是等级森严的：客厅里长大的猫比檐沟下出生的猫要尊贵，布偶猫、缅因猫比田园猫要高贵。但是在猫的眼中，是否爱猫、吸猫，是否在猫的身上花费时间、和猫交换彼此的气味，才是养猫人是否合格的唯一标准。

吸过猫的人都会同意，被爱的猫比什么都珍贵。猫不会知道自己身价几何，它们只知道，它们有没有被真情实感地爱着。

我养猫，但不是一个喜欢晒猫的人。就像绝大多数隐性的吸猫者一样，我既是这个庞大吸猫群体中的一员，又游走在热点的边缘，这让我可以写下冷静却炙热的文字。

一日吸猫，终身戒猫。人类吸猫简史的画卷在众人面前缓缓展开，那将是一幅多么让人心潮澎湃的画卷。人为什么吸猫呢？或许古往今来的人都从猫身上看到了自己的影子——看起来冷漠，实际上充满着柔情。

目
录

第五章　**探究**
为什么我们甘心为奴

第一章

封神

10000 年前的初次见面

1

猫科动物和人类史前史

> 我相信猫是落入凡间的精灵。
>
> ——儒勒·凡尔纳

随着养猫大军的逐渐壮大，越来越多的人相信，人和猫的关系是特别的。对于需要陪伴又不想付出太多精力的现代人来说，独立、软萌又爱干净的猫，实在是现代生活中最大的慰藉。

如今，在我们身边，猫随处可见。它们占领了我们的书房，占领了我们的卧室，占领了互联网。

在所有的动物中，似乎只有猫离时代骄子最近，哪怕是最高傲的文人和艺术家，也无法幸免———一句话，几乎没有人能够抗拒猫的魅力。

若要说清楚猫是如何征服人类的，我们就要探究猫是如何落入凡间，又是如何来到人类身边的。

故事要先从猫的祖先——猫科动物说起。

这段故事有点长，却很重要。毕竟没有什么捷径能让人更了解猫咪，除非我们花点时间去学习人和猫相处的历史。

2300 万年前，有一只体形中等的猫形动物正在欧亚大陆的大草原上悠闲散步[1]。

它的体形跟我们现在熟知的狞猫或薮猫相当，只是它身上黑褐色的斑纹提醒我们，作为这片草原上的食肉动物之一，它善于隐藏，同时还是捕猎的高手。

它就是假猫（Pseudaelurus）。如今，世界上所有的猫科动物，无论是家里奶声奶气的小猫还是非洲草原上凶猛威武的狮子，都是假猫的后代[2]。这种曾经遍布欧亚的中型猫科动物，我们现在已经无福亲见，由于气候变化等原因，它最终还是灭绝了。

假猫在灭绝之前，进化出了几个不同的变种。

有一拨儿假猫迁移到了非洲，演化成了狮子及中等体形的猫类，包括狞猫和薮猫。有一拨儿假猫则留在了亚洲地区，

---

[1] 期刊文章《剑齿神话——老虎的远古近亲们》，《化石》，2010 年第 4 期。
[2] 期刊文章《食肉目猫科物种的系统发育学研究概述》，《遗传》，2012 年第 11 期。

演化成了老虎、豹等，另一些则继续出发，演化成了山猫、猞猁和美洲狮。

这些体形中等的猫科动物，几乎个个都是顶级猎手。它们凭借自己出色的捕猎能力，一举跃上地球食物链的顶端，威风凛凛，睥睨众生。

食物链是生态学家埃尔顿在 1927 年提出的一个概念，他发现贮存于有机物中的化学成分能在生态系统中不断传递，也就是说，各种生物通过一系列吃与被吃的过程，实现整个生态系统的动态平衡。

既然狮子等大型食肉猫科动物站在食物链的顶端，那人类祖先又处于什么样的位置呢？

1974 年，一块编号为 AL288-1 的南方古猿阿法种化石被考古学家发现。尽管化石只保留下来了 40%，却也让考古学家欣喜若狂——和两手拖地行走的猿不同，这具化石骨架明显具有直立行走的特征。当时考古营队中正在播放披头士乐队的 *Lucy in the Sky with Diamonds*，于是考古学家就将这只古猿命名为 "Lucy"（露西）。电影《超体》的女主角就叫露西，意思就是 "第一个人类"。

露西是一位生活在 320 万年前的年轻女性，她大约二十多岁，个头不高，只有 1.1 米左右。她能够直立行走，但是更擅长攀爬。和人类的近亲黑猩猩相似，露西获取食物的方式主要是游走在丛林中采集野果并且把果实带回树上享用。在危险来临的时候，强有力的胳膊让她能够迅速地爬到树干的高处避难。晚上，她会回到树上睡觉。320万年前，露西所处的非洲大草原到处都是参天大树，科学家认为，她睡的床离地足足有13米这么高——对于睡在离地不过几十厘米床上的现代人来说，还会有睡着睡着就不小心从床上掉下来的事情发生，我们人类共同的祖奶奶露西过着这样的树栖生活，实在让人敬佩。

不过，露西并不高寿，她因为一场意外而死。2016年，《自然》杂志发表了学者对于露西死因的最新研究成果[1]，从露西骨骼上的多处破裂伤痕来看，她确实是从高处坠落而亡的。科学家尝试复原了露西死前的场景：在320万年前的某一天，采集完食物的露西和往常一样，回到家中休息。就在休息的时候，她不小心从高处坠落，以相当快的速度摔到了地上，导致骨骼破裂和内脏受损。露西去世了。

露西死于一场意外，这也说明，我们人类并不是一开始就在历史的发展进程中处于遥遥领先的地位。以采集为生的祖先就是生态系统中平平无奇的一分子，丝毫不起眼。

---

[1] 期刊文章 *Perimortem fractures in Lucy suggest mortality from fall out of tall tree*，*Nature*，29 August 2016.

约 300 万年前，人类祖先同自己的"近亲"黑猩猩分道扬镳，走上了一条发明使用复杂工具的道路。不过，这地球上如此多的物种，人类并不是唯一会借助工具的。工具是为了特定的目的而使用的，就像鸟类会用树枝筑巢，黑猩猩会用棍子挖蚂蚁洞，海豚会用海绵来捕鱼，猴子能用岩石来敲击坚硬的食物一样，人类也利用工具让自己更好地生存[1]。

我们的人类祖先最常用的工具使用方式，就是拿尖锐的石块去敲击水果、骨头或者肉类，而这些工具的发明就像鸟儿筑巢、黑猩猩挖洞一样，只是出于生存的本能，并非是来自缜密的思考和有意识的创造[2]，因此，在使用工具的两三百万年间，人类一直是种脆弱的生物。而且掌握工具技术的人类，仍然不足以登上食物链的顶端。一直到 10 万年前，我们的人类祖先仍然弱弱地站在食物链的中端，望着食物链顶端的大型猫科动物，思考着如何在食肉动物的夹缝中生存[3]。

大约在 10 万年前的某一天，有一群人类祖先正躲在大草原的阴影中暗暗观察。他们在等待一个合适的时机，以便能够在不打草惊蛇的前提下，享用大型猫科动物饱餐后残

[1] 期刊文章《制作工具在人类演化中的地位与作用》，《人类学学报》，2018 年第 8 期。
[2] 图书《如何让马飞起来》，时报出版，2016 年版。
[3] 图书《人类简史——从动物到上帝》，中信出版集团，2014 年版。

存的食物。

在视野之外不远的地方，凶猛的狮群正在撕扯一只离群的瞪羚。它们美美地饱餐一顿之后，甩着尾巴满足地走开。此刻，人类祖先还在默默等待，现在冲出去还太危险，还有鬣狗尾随其后，等待"分赃"。作为身处食物链中端的物种，人类很清楚自己的定位。作为一种弱小的物种，他们始终被狮子这样的大型食肉动物所威胁。这群原始人极少和狮子这样的大型猫科动物正面对抗，他们依靠采集植物、围捕小动物以及捡拾大型食肉动物的残羹为生。

于是，这群原始人继续屏息以待，从日中等到天黑，确保没有什么危险性之后，才猫着腰，抖落身上的枯叶，趁着夜色走出那片潜伏已久的密林。他们靠近瞪羚的尸体，拿起尖锐的石块敲开骨髓，将这些食物链顶端的动物不稀罕吃的残羹冷炙瓜分一空 [1]。

这就是人类祖先典型的一天——采集野果、收集饮用水，并靠近以猫科动物为代表的肉食动物——并不是为了猎杀它们，而仅仅是等待"拾其牙慧"。

种种迹象表明，人类，自诩为日后的百兽之王，在很长一

---

[1] 图书《人类简史——从动物到上帝》，中信出版集团，2014 年版。

段时间内是有点卑微的。为了吃到美味的肉食，他们选择成为食肉的猫科动物的附庸，制造工具去获取食肉动物不屑于啃食的脑髓、内脏等组织。直接吮吸脑髓、生嚼内脏，对于我们的祖先来讲还是需要不小的勇气的。在把这些腐肉剔干挖净的同时，还要时刻小心提防，避免自己成为大型猫科动物的午餐。

不过这些巨型猫科动物从未想过，在数万年之后，它们威风不再。

10万年前，生活在东非的原始人还依靠着采集和"拾人牙慧"生活，仅仅用了3万年时间，他们就发生了脱胎换骨的变化。

我们人类的祖先——智人，在这段时间内迅速发明了弓箭、渡船，他们开始走出非洲，同时，宗教、社会、阶级、语言出现了。在很长一段时间内，我们总以为人类是单线发展的，从露西到智人，就像有一条笔直的线，从低级向着高级不断演化。但是实际上，在智人生存的同一时期存在着好几种不同的人类。智人走出非洲之后，碰上了体格更强壮的尼安德特人，沉静的梭罗人，以及矮小但是更加灵活的弗洛勒斯人。

我们已经没有办法了解，7万年前的智人，是如何成为地球的主宰的。但是科学家和历史学家从历史遗迹和考古发现中总结出了智人的最大特点，那就是："宽容并不是智人的特色。"[1] 当尼安德特人等原始人类同智人出现的时间线相重合之后，他们就开始加速消失。梭罗人在5万年前灭亡，弗洛勒斯人差不多同时灭亡，尼安德特人则在3万年前永远地消失在了这个蓝色的星球上。

智人成功登顶地球食物链的顶端，同时，大中型猫科动物的地位岌岌可危。

人类第一次出现在澳大利亚的时候，澳大利亚还有鸭嘴兽等巨型动物存在，而几乎就在人类踏上这片土地之后，澳大利亚的巨型动物在短时间内灭绝殆尽。随着人类活动范围的扩大和各种捕猎武器的层出不穷，狮子、老虎、豹子等大型猫科动物也朝不保夕。

要知道，狮子、老虎、虎鲸等花了上百万年的时间来进化，才成为食物链顶端的王者。而人类在过去的200多万年时间内，一直是猫科动物的食物。原始人从食肉动物的盘中餐，跃升为以大型猫科动物为代表的食肉动物的梦魇，只用了几万年的时间。

---

[1] 图书《人类简史——从动物到上帝》，中信出版集团，2014年版。

是什么让人类后来居上？

首先，是工具的使用。但正如前文所说，在自然界中，会使用工具的物种很多，早期的人类并不够特别。

其次，是火的使用。在很多早期文明当中，都有各种各样关于人类用火的传说，它们基本上如出一辙。实际上，在距今15万年前，人类已经学会了用火，这是人类前进的一大步。有了火，人类就可以进行烹饪，同时，跟撕咬生肉相比，人类吃熟肉的咀嚼时间也会大大缩短。巴西里约热内卢联邦大学的学者推算出原始人吃一块生肉需要的时间，大概是8个小时[1]，这让他们除了采集、狩猎和咀嚼，基本上没有时间做其他的事情，更谈不上生产和创造了。

火则让这个问题不再成为一个问题，加热后的食物更加容易咀嚼，人类吃一块肉的时间从8个小时缩短到了1个小时，同时高温炙烤的过程还能杀死细菌和病毒，这延长了人类的寿命。不仅如此，火还是厉害的"杀器"，能让人类以较小的代价去威慑自己的强敌。凭借火，人类在短时间内大杀四方，比如驱赶步步紧逼的狮群，或者焚烧一整片草原。

第三，人类具有语言和沟通的天赋，这让人类祖先——智

---

[1] 图书《品尝的科学》，北京联合出版社，2017年版。

人懂得分工合作[1]。火的使用让人类逐渐演化出更强大的大脑，这或许是人类祖先登上食物链顶端的重要原因。而具备语言和沟通能力，触发了他们对于生存的思考。

虽然我们以大幅篇章渲染了史前的祖先是多么渺小，但他们具有令人惊叹的反思能力。他们从微不足道的采集者，从和黑猩猩类似的物种，演化成为会表达、会反思的生命体。他们在为了生存的搏斗中，不断演化，大脑容量更大，手脚更加灵活，交流能力更强。

而与此同时，他们骨子里比一般的生物更渴望安定。正是这种渴望，催生了新的文明形态。

数百万年来以采集和狩猎为生的人类大跨步迈入了新的时代——农业革命时代。

---

[1] 图书《人类的由来及性选择》，北京大学出版社，2009 年版。

② 定居的人类卷入了新的麻烦当中

即便是到了 7 万年前，我们的直系祖先——智人，差不多可以在这个生态系统中所向披靡了，但是，他们仍然有自己的不安全感。

而这个不安全感的来源，就是人类的幼崽。虽然他们已经可以合作猎杀一只肩高 4 米、体重 6 ~ 8 吨的成年猛犸象，但是他们却拿人类幼崽无可奈何。

和绝大多数动物的后代相比，人类幼崽羸弱到令人咂舌的地步。瞪羚出生几周后就能跟随群体奔跑，幼狮出生后不久就可以学会捕猎，但是人类幼崽需要整个族群长时间寸步不离地照顾，而且一不小心就有被各种食肉动物啃食的风险。成年人类可以用武器和大脑来武装自己，但是幼崽的安危，对于人类这种冷酷与温柔并存的物种来说，是致命的软肋。

于是一部分人类祖先共同做了一个看起来英明无比的决定，他们决定转变以采集、打猎为主的逐水草而居的生活。他们决定安定下来，建一所房子，养一群孩子。

打打杀杀的生活刺激，但是危险；采集的日子有趣，但是伴着未知。

出于对不确定性的厌倦，人类祖先决定自己种植粮食和饲养牲畜[1]。白天劳动，晚上则带着丰收的喜悦回到固定的地方休息，他们把这个地方叫作"家"。为了不像320万年前的祖奶奶露西一样担心睡着睡着就从树上掉下来，一部分人类祖先率先把床搬到了地面上，这样，起码晚上能睡个好觉。这一小撮人率先脱离了狩猎和采集的思维模式，他们朝着农业文明进发。

农业文明伴随着驯化。驯化，是印刻在人类祖先骨子里的癖好之一。什么是驯化？简单来说，驯化就是让某个物种变得和它们的野生祖先不同，并且能够为人类所用。

我们把视线转向亚洲中部，在12000年前，在现在的巴勒斯坦、约旦、叙利亚南部和黎巴嫩南部组成的区域，居住着纳图夫人，他们被公认是农业活动的发明者，他们所在的地区，

---

[1] 期刊文章《中国史前农业发生原因试说》，《中国农史》，1991年第3期。

就是被称为"新月沃地"的地区。这个地方不仅是农业文明的摇篮，而且是人、鼠、猫这三个毫无联系的物种最早发生交汇的地方。

最开始的时候，和所有的人类祖先一样，他们过着采集和打猎的生活。然而，随着最后一个冰河时代的结束，全球气候开始变暖，野生谷物在纳图夫人聚居地周围开始疯长。纳图夫人发现了机会，他们很少特意去种植大麦、小麦或者黑麦，他们只是不断地收割，然后一拨儿一拨儿地储存在自己的村庄里。纳图夫人从采集者变成了最早的农民。

在随后的几千年时间内，纳图夫人"驯化"了小麦。小麦不喜欢干旱，所以纳图夫人必须要学会打井，种植小麦需要长时间弯腰劳作，这让纳图夫人饱受腰肌劳损的困扰。人类也因此获得了丰厚的报酬——丰收的庄稼。

狩猎时代对饥饿和匮乏的记忆，让纳图夫人发明了各种各样的储物方法。纳图夫人用泥砖搭建起储存坑，类似于一间间缩小版的房屋。他们以为储存了粮食就万事大吉，没想到，麻烦才刚刚开始。

人类修建大大小小的谷仓，烧制或大或小的陶罐，在每个容器里面，都装满了辛勤耕作得来的粮食。

而这种收藏癖则给了老鼠等啮齿类动物可乘之机，它们溜进人类的谷仓，大肆狂欢。

过上定居的安稳日子是需要付出代价的，烦恼随之而来。

纳图夫人是人类历史上第一批被小家鼠所滋扰的人类。历史学家和考古学家认为，就是纳图夫人充足的粮食储存，吸引了小家鼠的到来，让它们成为人类历史上有据可查的第一批哺乳类害兽[1]。

作为一种生命力极强的啮齿类动物，小家鼠已经存在了100万年之久。小家鼠有两种主要的亚种，一种是东方亚种，一种是北方亚种，它们起源于印度北部，一直以啃食野生谷物为生[2]。纳图夫人首先建立起粮仓并且拥有环村耕地的时候，小家鼠发现了最适合它们生存繁衍的风水宝地——新月沃地。

在人类身边的老鼠过得非常滋润。考古学家在当地的谷仓遗址中发现了鼠类的牙齿，可以想象，小家鼠的出现一定让新月沃地的农民们苦恼不已。他们辛辛苦苦种植的粮食被老鼠啃食，而他们食用被啃食过的粮食，还大大增加了患病的风险。

老鼠在人类聚居区快速繁衍，这也吸引来了老鼠的天敌，

---

[1] 图书《猫的秘密》，中国友谊出版公司，2018年版。

[2] 期刊文章《啮齿类的动物考古学研究探索》，《南方文物》，2016年第2期。

如猛禽、狐狸、家犬，还有野猫[1]。除了狗，其他闻讯而来的动物几乎都是野生的。

大约 15000 年前，人类将狼群中比较温顺的狼驯化成了狗。作为最早被人类驯化的动物，狗在人类早期历史上功不可没。

不过，狗的捕鼠技能和野猫比起来就有点相形见绌了。就像它们的祖先一样，野猫敏捷又有爆发力，这让它们在捕鼠的时候几乎不会失手。另外，它们昼伏夜出，而老鼠也经常在晚上出没，人类会惊喜地发现，在他们酣然入睡的时候，野猫已经把粮仓里的老鼠打扫得干干净净了。更重要的是，野猫对人类的粮食毫无兴趣，吃了老鼠就走，活儿好不黏人。

此时的野猫尚未被驯化，它们和人类只是一种互惠互利的关系。不过，野猫此时展示出了非凡的捕鼠技能，这让我们人类印象深刻。

我们的祖先或许一开始只是觉得猫很有用，之后发现它们居然有点可爱。2004 年，法国巴黎自然历史博物馆的科研人员在地中海的塞浦路斯岛上，发现了迄今为止最为古老的人猫合葬墓。在这个 9500 年前的墓穴当中，埋葬着一个小孩和

---

[1] 图书《猫的秘密》，中国友谊出版公司，2018 年版。

一只猫。这只猫大概 8 个月大，静静地躺在小男孩的脚边。从这个墓葬中发现的大量石器、贝壳等随葬品来看，这应该是一个出身高贵的孩子，否则他不可能在死后还拥有如此高规格的待遇[1]。虽然我们还不能确定，这只猫究竟是被驯化了的宠物猫，还是被杀害之后献祭的野猫，但可以肯定的是，猫这种动物已然出现在了人类的周围。而人类也容许它们留在自己身边。

随后，在新月沃地的野猫，这种被称为"食肉的黄毛动物"的物种，开始小心翼翼地出现在人类的领地[2]。故事就是这样开始的：人类祖先定居下来，拥有了剩余的食物，而这些食物又吸引了老鼠，老鼠又引来了野猫。野猫驯养成家猫的过程就开始了。

---

[1] 期刊文章《猫、鼠与人类的定居生活——从泉护村遗址出土的猫骨谈起》,《考古与文物》, 2010 年第 1 期。

[2] 期刊文章《家猫的驯化史》,《农业考古》, 1993 年第 9 期。

3

野猫的驯化和家猫的诞生

在共存共生数千年后，人类尝试着驯养猫。在此之前，人类已经成功地驯养了多种动物，而这些动物无一例外，都是因为对人类有用而被驯养的。

人类首先驯养了狗。现在所有的狗都是来自同一祖先——灰狼。我们的祖先选择灰狼中性情较温顺，并且愿意和人类合作的一小部分狼，通过几代的努力，将它们驯化成为狗。虽然狗是从狼脱胎而来，但是被驯养的狗，成了完完全全和灰狼不同的物种。它们忠诚，同时，知道如何通过努力工作去讨好人类。作为人类驯化最成功的物种之一，狗是人类忠实的朋友，同时给人类带来了丰厚的好处。它们帮助人类打猎、放牧，还能够看家。

作为人类的主要肉食来源，牛可以为人类提供肉、奶和皮毛，猪可以提供肉，鸡可以提供肉和蛋。

相比来说，猫不如以上动物那么实用。论食用，猫不够好吃；论御寒，猫毛也比不上牛皮和羊毛；论功能，猫也不像狗那样具备多种功能——可以看家，可以围猎，还能够帮忙放牧，甚至还可以捕鼠。就连和体格相近的鸡相比，猫也不像鸡那样：肉质鲜美，而且浑身是宝。

在农业革命之后，当粮食的储存量开始变多，在人类聚居区和粮食种植区周围的老鼠大肆出没，于是，不同种类的小型猫科动物纷纷到访。人们惊喜地发现了它们的"杀手"本性，于是开始尝试着驯化野猫等小型猫科动物去捕鼠，丛林猫（Felis chaus）就是其中之一。丛林猫的体格比野猫更大，据说足以杀死一只年幼的瞪羚，古埃及人曾经试图去驯化丛林猫来捕鼠，但是没有成功，而且它们也并不愿意和人类长久地待在一起。人们也试图驯化沙漠猫（Felis margarita），这是一种耳朵极其灵敏的猫科动物，它们主要是利用强大的听觉捕猎，不过最终也没有成功。在哥伦布到达中美洲之前，一种叫作獭猫（Jaguarundi）的猫，可能被当地人当作捕鼠者进行饲养。

在所有的这些小型猫科动物中——我们不妨笼统地统称其为野猫，只有一种野猫被成功驯养了，就是阿拉伯野猫利比亚亚种（Felis silvestris lybica）。

2007 年 6 月 29 日，《科学》杂志上发表了一项实验结果，国际研究团队整整花了 6 年时间去检测全世界猫科动物（包括野猫和家猫）的 DNA。在史前时期，猫的祖先分成了 5 类亚种，分别是：欧洲野猫、近东野猫、南非野猫、中亚野猫和中国沙漠野猫。而世界上所有的家猫，不管是可爱的中华田园猫还是毛茸茸的波斯猫——都是由 5~6 只近东野猫繁衍而来的。

也就是说，最开始那几只不怕人的野猫和人类的互动，催生了家猫的诞生。而且直到最近一两百年间，非洲还存在着驯化野猫以控制鼠害的风俗。1869 年，德国植物学家格奥尔格·施维因富特（Georg Schweinfurth）在白尼罗河旅行的时候，发现他的植物标本盒在夜间被老鼠破坏了，于是他灵机一动，采用了当地人对付鼠害的土办法——去驯化野猫，发现非常奏效：

"这一带最常见的动物就是草原上的野猫了。虽然当地人并没有将它们作为家养动物进行饲养，但它们会在这些野猫比较年幼、便于"引诱"时就捕捉它们，这样它们就可以在住所和围墙周围成长并开展针对鼠类的自然战争了。我也抓获了这样一些猫，在我拴了它们几天后它们就似乎失去了大部分的野性，而像普通猫咪一样适应了室内生活。晚上，为了不让我的植物标本处于危险之中，我就把它们拴在我的标本盒边，这样我就可以安心睡觉而不用担心老鼠会来搞破坏了。"[1]

随着人类活动范围的扩大，有一部分猫逐人类而居，开始了一段波澜壮阔的旅程。

一般认为，最早驯化猫的人类是古埃及人，他们驯养了野猫，家猫正式诞生了[2]。

现存的猫科动物有 37 个物种，其中有 36 个已经被列为濒危对象。而家猫本来是其中最不起眼的一种小动物，但是之后却在人类历史上留下了最浓墨重彩的一笔。

人类驯养很多动物的历史，都比驯养猫要长得多，可我们需要承认，猫依然是特别的存在。为什么？如果不是为了取悦人类，狗是不会主动去看家、打猎或者放羊的，牛也不会主动在身上套个绳子犁地。猫唯一显而易见的功能，就是捕鼠，但是不同于其他被驯养的动物，猫去捕鼠，是它印刻在基因里的本能。也就是说，即便是没有人类，猫也会捕鼠。虽然猫最终接受了人类的驯化，可是它依旧保存了骨子里的独立性。

很多养猫的人都有这样的体会，猫时而温柔，时而野蛮；

---

[1] 图书《猫的秘密》，中国友谊出版公司，2018 年版。

[2] 期刊文章《驯化过程中猫与人类共生关系的最早证据》，《化石》，2014 年第 12 期。

时而黏人，时而高冷。迄今为止，它们仍然保持了令人叹为观止的独立性，既能够享受人类提供的奢华生活，也能够适应恶劣艰险的户外生存环境。

　　而这，或许正是猫让人痴迷的原因。

④

人类吸猫源头以及猫的出埃及记

从约 10000 年前野猫来到人类的家门口，到 4000 年前古埃及人驯养出人类历史上第一批家猫，跨越了五千多年的时间。在这段不算短的时间里，猫出现和生活在人类周围，了解人类的生活方式，适应人类的生活节奏，同时，和人类保持着若即若离的关系[1]。

如果没有猫，人类历史将失去一部分灵魂。这一点，古埃及人一定深有体会。

在 4000 年前的古埃及，家猫正式诞生了，它们选择褪去身上的一部分野性，来到人类身边。历史学家和考古学家发现了人类历史上和猫亲近的第一批人，也就是在这个古老又神

---

[1] 期刊文章《中国家养动物起源的再思考》，《考古》，2018 年第 9 期。

秘的地方，第一批"甘愿为奴"的人类出现了。

猫和人在古埃及结缘，离不开当地发达的农业文明。作为人类历史上较先崛起的农业文明，古埃及文明的兴起可以追溯到 7000 年前。在这里，所有的富饶与文明都归功于一条绵延的河流——尼罗河。

尼罗河的两岸是撒哈拉沙漠和一望无垠的荒地，而尼罗河穿越荒漠，形成了一片狭长的绿洲，直达尼罗河三角洲和地中海。

历史学家曾经赞叹道：古埃及就是尼罗河的赠礼。每年，尼罗河水都会定期泛滥，洪水冲刷过耕地，带来许多上游的营养物，让尼罗河畔的土壤更肥沃、农业作物更高产，这是古埃及人赖以生存和发展的宝贵财富。可以说，没有尼罗河水的定期泛滥，就不会孕育出伟大的古埃及文明。

但洪水并不是有利无害的，洪水不仅带来了有用的营养物，还带来了有害的动物和不确定性。

这种不确定性一方面来自洪水本身，泛滥的洪水会冲毁农田、房屋和村庄；另一方面，随着洪水一起登陆的还有一些不速之客，比如，老鼠。

彼时，古埃及人已经开始在尼罗河河岸附近干燥的土地上定居，过着自给自足的农耕生活。利用沙漠地带丰富的光照条件，他们种植小麦和大麦，收割之后就把谷物储存在坑里。这些谷物一部用来磨成面粉，一部分用来酿造啤酒。丰富的谷物储藏吸引了破坏力极强的老鼠，它们啃食谷物，同时把古埃及人居住的地方弄得脏兮兮的，这对于辛苦耕种的农民来说，是不能忍受的。老鼠的入侵也吸引来了它们的天敌，其中就有猫。

猫不仅捕鼠，而且还捕蛇。无意中观察到这一点的古埃及人大喜过望。对于身处热带地区的他们来说，毒蛇无疑是一种可怕的生物，它们不仅危害庄稼，还咬伤人类，甚至能够在父母毫无察觉的情况下，毒死熟睡中的婴孩。3700年前的医药纸莎文稿证实了毒蛇在当时的古埃及有多么泛滥，而人们对它们又是多么束手无策——相关文稿中记载有大量的关于人被毒蛇、毒蜘蛛等伤害之后的急救措施。

最早注意到猫的一批农民，开始允许猫接近人类的居住区。猫，正式与古埃及先民结盟。但是实际上，猫并不是老鼠唯一的天敌，很多动物，比如猫头鹰、鹰、黄鼠狼、狐狸以及一些蛇，都是吃老鼠的，一些训练有素的家犬也可以捕鼠。另外，对付毒蛇并不是只有猫才管用，古埃及人还用猫鼬、麝猫等来清除毒蛇，它们也是捕蛇的好手。

那么问题来了，在人类聚居区周围生活的野生动物那么多，为什么偏偏是猫备受宠爱？

其中的原委，要从古埃及的社会结构说起。

对于普罗大众来说，我们可能不太了解古埃及的历史和文化，但是一定知道古埃及的金字塔。而古埃及的社会结构，就是典型的金字塔模式。古埃及的社会分为三个等级，富有的特权阶级、贫穷的农民，还有士兵、工匠、商人及职业人员构成的中间阶级。其中，在尼罗河边勤勤恳恳耕种的农民，处于金字塔的底端，以 80% 的人口总数，牢牢稳固着金字塔的底座。他们的日常活动极其规律，就是耕种农田、饲养家畜，在农活不太忙的时候，还需要帮助王室建造陵墓、寺庙等。他们收获的粮食用来制作面包和酿酒，这是整个古埃及社会基本的饮食结构；再往上走，就是士兵、工匠、商人及职业人员，他们属于中间阶级；金字塔的上层，是富有的特权阶级，包括祭司、土地主等，而一国之君则处于金字塔的顶端，他既是国王，又是大祭司，还是法律的制定者。

而猫在古埃及的胜利，是一种自下而上的胜利。

首先，猫赢得了农民的心。富饶的尼罗河畔，是农业开始的地方。在很长一段时间内，城市还没有建立起来之前，这里生活着古埃及 80% 以上的人口，这里的粮食产出要满足所有人的温饱需求。

当猫第一次出现在古埃及人定居所周围的时候，喜欢囤积粮食、但是却饱受鼠害困扰的古埃及人欣喜若狂，因为他们发现，恼人的啮齿类动物随着这种小型食肉动物的到来几乎销声匿迹了，而且猫对人类也没有什么威胁。自从猫出现之后，猫头鹰、狗和蛇的捕鼠能力相形见绌，以至于很长一段时间内，猫都是丰收和孕育之神的象征，古埃及人开始大量养猫。猫消灭了可恶的老鼠，它既然保卫了粮仓，就是人类的朋友。

其次，猫进入贵族的家中，成了贵妇和小孩的宠物。

在3250年前的一幅壁画中，一位雍容华贵的妇人抱着一只猫，还有另一只猫卧在她脚边。从穿着和打扮来看，这显然是一位社会地位较高的妇人。

生活在丰饶之地的古埃及贵族，过着让我们惊叹的精致生活。古埃及贵妇对自己外表的要求是极高的，不同于不爱洗澡的中世纪欧洲人，古埃及贵妇在出门之前精心化妆，梳理头发。她们还会涂上乳膏和香水，经过太阳的照射，她们整个人都会散发出甜甜的气息。仆人帮她们戴上长麻花辫状的假发，出门时，她们穿上皮凉鞋。

贵妇们不仅要求自己是得体的，她们还希望家中是整洁的。古埃及贵族厌恶混乱。而出现在贵族家中的猫，可以帮助贵族赶走老鼠之类不洁净的动物，让家里干净又体面。

猫，赢得了上层贵族的心。和其他能够清除害兽的动物不同，猫是唯一看起来毫无威胁，而且还能够帮助人类驱逐有害动物的小野兽。

猫甚至影响了古埃及贵妇的审美。猫杏核般的大眼睛、眼睛周围黝黑的眼线，给人们带来最早的美妆灵感，古埃及女子中最流行的"猫眼妆"，由此诞生。

最后，在古埃及后期，猫成为神祇的化身。人们对于猫的崇拜到达了顶峰。

在经过了几百年的驯化之后，猫在古埃及人心目中的地位开始上升，甚至上升到了神祇的位置。

古埃及人的宗教信仰中，动物崇拜占有很重要的位置，古埃及人崇拜的动物从牛、羊、狗到鹰、豺狼、鳄鱼、眼镜蛇，等等，不一而足。据不完全统计，古埃及人心目中的动物之神有两千多种。但是，这些神灵地位有高有低，其中，猫女神贝斯特就是古埃及的主神之一，被广泛地供奉在古埃及人的家中，象征着光明、生育和守护。在当时的古埃及，或许不是家家户户都养猫，但是每家一定会供奉着贝斯特的神龛，希望她的神力能够保护家中的妇女、孩子和房屋不受到恶灵的侵害。

表面上看起来，古埃及人崇拜众多的神灵，但是实际上，他们对于这些动物和自然现象的崇拜也好、恐惧也好，都来自他们对于平衡、公正、有序和真理的追求。

就像每年泛滥的尼罗河一样，当它带来的洪水过多或者过少的时候，都会对农业不利；但是当它恰到好处地泛滥时，就会带来丰收。

猫之所以从众多对古埃及人有用的动物中脱颖而出，成为最受古埃及人崇拜的动物之一，就在于它们不仅能够杀死老鼠和毒蛇，保护食物，而且还可以成为家庭成员的伴侣动物。在谷仓和田地中，它们是凶猛的战神，而一旦进入人类的房间中，面对友善的女主人和充满奶香味的人类幼崽，它们又能够表现出十足的柔软。

在冷酷和温柔之间，它们可以自动寻求出绝妙的平衡。

而这时候的猫，已经更倾向于被驯化过的形象，温柔、高贵，又代表着母性和保护。于是，猫就从一个捕鼠能手演变为家庭宠物，继而又成为古埃及人广泛信奉和爱戴的神祇。

古希腊历史学家希罗多德来到古埃及这个充满着神话色彩的富饶国度。他用笔忠实记录下了我们人类的吸猫历史是多么源远流长。

那时候，古埃及人正准备庆祝猫女神贝斯特的节日，希罗多德有幸亲眼见证了这场全民狂欢，并把节日的盛大景象都记录了下来：

"他们乘帆船而来，每只船上都有很多男女。一路上，一些妇女用木板持续敲出'咔嗒咔嗒'的声音，一些男士则吹奏笛子，其他男男女女连唱带拍手……当他们到达布巴斯提斯的时候，他们用精致的祭品庆祝节日，人们在这一天消费的酒比一年当中任何其他时候都要多。根据当地人的报告，有70万人参加了节日庆典……"

此时古埃及人对贝斯特女神的崇拜达到了顶峰，而猫也随之登上了神坛，享受着最高级别的崇拜。

"如果家里着火了，先救猫还是先抢救家具？"

"先救猫！"对于古埃及人来说，这是一个不需要讨论的话题。猫是毛茸茸的陪伴，是奢侈的消遣，还是女神的化身。在古埃及，上到王公贵族，下到贩夫走卒，都对猫极度保护。希罗多德说，如果有一家古埃及人家里死了猫，全家都会剃掉眉毛。

古埃及人甚至专门立法保护猫，不仅不允许欺负猫，甚至连惹猫生气，都会是一种罪过。如果一个平民不小心踩到了另外一个平民的脚，可能道个歉就完事了；但如果某个平民不小心弄死了一只猫，那很抱歉，后果会非常严重。

古希腊历史学家西西里·狄奥多罗斯也写道："如果有人

在古埃及杀死了一只猫，无论他是故意的还是无意的，他一定会被民众拖走处死。"[1]

他还曾提到一件发生在古埃及的真事。公元前60年，有一个笨手笨脚的古罗马士兵驾驶着一辆马车轧死了一只猫。对于古埃及人来说，这是一种难以形容的恐惧——神灵会降下惩罚吗？人们会因此而获罪吗？

目睹这桩惨案的古埃及士兵手起刀落，毫不犹豫地处死了这位古罗马士兵。事后，得知此事的古罗马高层下令，对古埃及展开了疯狂的报复。在那个时候，一只猫的死亡，不是简单的死亡，它代表着神的陨落。

不过和普通人对猫的这种敬畏形成鲜明对比的是，那些专门从事祭祀的古埃及人通常是杀猫的能手。杀掉猫女神是一种罪过，可是猫在古埃及却常常被用来献祭。

被制成猫木乃伊的猫通常有两种，一种是宠物猫，它们随着主人一起下葬，古埃及人相信，如果能够和心爱的宠物猫一起去到彼岸世界，那死亡也不会是一件很可怕的事情；一种是专门养来献祭的猫，它们被好吃好喝地伺候着，住最宽敞的房子，睡最豪华的猫窝，吃最上等的美味，然后在一个良辰吉

[1] 图书《猫：历史、习俗、观察、逸事》，海天出版社，2019年版。

日，它们被掏空内脏，制作成了猫木乃伊。

19 世纪末，考古学家在古埃及的寺庙中发掘出超过 30 万具猫木乃伊，其中很多都是未满一岁的幼猫，可见当时该风气之盛。可怜的小猫们不会想到，每天来送饭的人、向它们顶礼膜拜的人，居然会拧断它们的脖子。

深究猫木乃伊的下场让我们感到难过，不过，考古学家则从猫舍的遗址当中，发现了最早被人工驯养的猫——橘猫。

在那些被保留下来的猫木乃伊当中，剥开表面那粗陋不堪的亚麻布，还能够看到那些猫身上的纹路。

在古埃及，几乎所有的猫都和它们的野生祖先一样，拥有鲭鱼状的条纹。这种灰黑色条纹可以帮助猫在野外很好地隐身并且保护自己，其他的颜色如黑色、白色、姜黄色、银灰色等我们现在常见的猫花纹，在自然界中都太过显眼，非常不利于猫的自保，很容易使它们置身于危险境地。但是在众多鲭鱼状条纹的猫木乃伊当中，考古学家居然发现了一种特别的颜色——橘色。

这种橘色是人类历史上第一个被人工繁育出来的花色。这些基因突变的猫，就是橘猫的祖先。

橘猫在古埃及的出现说明这些猫并不是野猫，而是被人类养来献祭的猫。而因为这种特别的颜色，橘猫变得物以稀为贵。古埃及人崇拜太阳神，橘猫的颜色象征着太阳的颜色，因此在祭祀的场所中，它们被作为一种珍贵的祭品去献祭贝斯特女神和太阳神。

猫在古埃及的地位让我们感到惊讶，它甚至影响了古埃及的历史。

公元前525年，波斯人包围了古埃及的贝鲁西亚。波斯国王冈比西斯二世率领着大军御驾亲征，但是攻了好几个月就是攻不下来。

为了让古埃及人尽快投降，冈比西斯二世耍了一个阴招：他知道古埃及人崇拜猫，不肯伤猫一根毫毛，于是他命令波斯士兵把吱哇乱叫的猫绑在每位波斯士兵的胸口，作为盾牌（也有说法是把猫画在盾牌上）。万事俱备之后，波斯士兵就开始大张旗鼓地攻城。古埃及守军本来胜券在握，但当他们看到波斯人的终极杀器———群绑在他们胸口的猫之后，纷纷停下了进攻的步伐，他们害怕伤害这些无辜的猫，以及它们所代表的神灵。

古埃及人接受了这种残忍的要挟。为了猫，他们宣布缴械投降。

这场轻而易举的胜利被记载在《谋略》一书中。波斯人在这场战役中大获全胜。但他们获胜的方式是如此的卑鄙，后来的历史学家每提起这次战役就骂，提起一次就骂一次。猫确实在那场战役中庇护了古埃及人民，让他们承受了较小的伤亡。[1]

骄傲的古埃及人并不愿意成为波斯帝国的一部分，可是大势已经不可阻挡。随着24岁的亚历山大大帝的抵达，古埃及进入了希腊化时期。后来，地中海周围的政治势力相继崛起，古罗马就是其中最咄咄逼人的军事强国。公元前30年，在那个炎热的夏天，屋大维消灭了托勒密王朝，宣布古埃及成为古罗马帝国的一部分。无论古埃及人有多么不愿意成为其他强国的附庸，历史的车轮正在滚滚前进。自从古埃及变成古罗马帝国的一部分之后，它就由一个独立的国家，变成了古罗马人的厨房，它存在的价值就是生产尽可能多的谷物，去供养古罗马急剧膨胀的人口和他们的物质欲望。

在公元前390年，官方正式宣布禁止对猫女神贝斯特的崇拜[2]。猫在古埃及跌落神坛。

但是，它们的传奇并没有结束，相反，刚刚开始。

虽然当时古埃及官方一直严令禁止，但是有些猫还是被偷偷运出了古埃及。因为距离古埃及不远的地方，就住着腓尼

---

[1] 尽管多处记载存在差异，但此事件在相关史料中有据可查。

[2] 图书《猫的私人词典》，华东师范大学出版社，2016年版。

基人。既然猫是禁止出口的违禁品，腓尼基人就更想做猫的生意了。于是这些商人便将古埃及猫带上了船，有些商人去了古罗马，有些商人去了中东，他们也在波罗的海岸落脚，猫也跟着下了船，它们沿着人类的脚步开始繁衍。

这是属于猫的出埃及记。

第二章

起伏

猫在 2000 年间的命运沉浮

(1)

从神性陨落到面目可憎

离开古埃及后的猫去了哪里？

研究人员通过对维京墓穴、古埃及坟墓以及近东野猫残骸进行取样分析发现，那些搭乘人类商船的猫离开古埃及之后，以很快的速度遍布了欧洲大陆。另外一些猫则搭乘着人类的商船继续远行，到了中东、亚洲等地，从此之后，猫的身影开始遍布世界各地。

和古埃及等地的人将猫奉若神明不同，欧洲人对待猫的态度是大起大落的。

在古罗马，猫并没有受到像在古埃及一般狂热的欢迎，因为人们经常指责猫，觉得猫对于鸟来说太过于残忍。

千百年来，时常出现在古埃及人壁画上嘴里叼着飞鸟的猫，被古埃及人看作勇猛且有战斗力的象征，受到顶礼膜拜；而对于古罗马人来说，会捕鸟可算不得什么优点，毕竟在古罗马，人们对于鸟类是十分偏爱的 [1]。

被称为"语法论著的神圣评论者"的达摩克利斯听说自己老师家的鸡被猫吃了，他十分愤慨，专门写了一首诗去咒骂这只贪嘴的猫："可恶的猫，你是阿克泰翁的恶犬，跟那些杀害主人的狗没有区别。吃主人的竹鸡就是吃主人。你现在只想着竹鸡和那些跳着舞、开心地吃着你瞧不上眼的美味的老鼠。" [2]

阿克泰翁是古希腊神话中的一名猎人。有次他偷窥狩猎女神阿尔忒弥斯沐浴，令女神大发雷霆，将他变为一只雄鹿，并且被自己的 50 只猎狗活活咬死。这是个血腥的故事，而一只贪嘴吃了竹鸡的小猫咪，是否需要被如此恶毒地诅咒，我们不得而知，不过却可以看出，猫在绝大多数古希腊和古罗马人眼中，确实地位卑微。

此时，最可爱的猫只存在于古罗马贵族的家中，而在北欧的神话中，猫还是爱神费蕾娅（Freya）最忠实的坐骑。而费蕾娅代表着星期五，因此当地人相信，如果有人能够在星期五看见一只猫，那这个人的运气将会不错。

---

[1] 图书《创造历史的一百只猫》，生活·读书·新知三联书店，2017 年版。
[2] 图书《猫：历史、习俗、观察、逸事》，海天出版社，2019 年版。

不过，神性陨落的猫，还是能够通过自己的努力，找到属于自己的一席之地的。

那就是威尔士农民的家中。

普通人家的谷仓仰仗猫去保护。猫不是唾手可得的物件，人们会给猫明码标价。威尔士法典明确记载，幼猫在刚睁开眼睛的时候，值 1 便士；从这个时候开始一直到它能够抓到第一只老鼠，它值 2 便士；当这只猫成年之后，它便值 4 便士。

而在威尔士南部，猫的身价更加昂贵。用成年与否给猫标价，还是有点简单粗暴，他们认为猫的价值因猫而异，不能一刀切，只能估算个大概。

那怎么进行估算呢？威尔士人会把猫的头放在平坦的地面上，把它的尾巴直直地吊起来，然后开始往猫身上倒麦子，直到猫的尾巴被黄澄澄的麦子完全覆盖，这么多麦子值多少钱，这只猫就值多少钱。如果有些人家并没有麦粒，那也没关系，拿一只母羊来换一只猫就好。虽然把猫倒吊起来撒麦粒的动作有些粗暴，那只尾巴被吊起来的猫也一定觉得很难受，不过从威尔士人对猫的重视程度来看，我们可以轻而易举地得出这样的结论——猫，价值不菲。

威尔士人发现了猫的商业价值，但是在西欧的一些地方，比如法国农村，猫就没有这么幸运了。

在古埃及，猫因为高超的捕鼠、捕鸟甚至捕蛇能力受到人们的喜爱，但是，当古埃及家猫的后代千里迢迢来到西欧之后，它们发现，它们只能容身于农村或者下等人的厨房中。对于这些并不是很富有的阶层来说，"实用"就是这些小动物唯一的价值。

而猫的实用性远远不只这些。

猫确实能够捕鼠，但是跟能够看家、狩猎，还忠心耿耿的狗相比，它们的这点技能有点相形见绌。

短短几百年，猫就从一个锦衣玉食、高高在上的神，变成了一群在檐沟下或是肮脏的灶台间寻求容身之处的小野兽。猫，成了夹着尾巴生存的小动物。

彼时，贫穷的欧洲农民没有富有的古埃及人那般丰富的想象力，也不像威尔士人那样发现了猫的商业价值。在他们眼中，猫除了少得可怜的一点实用价值，大部分时间看来都是面目可憎的。

为什么呢？

在贫穷的农户看来，猫是贪吃的。就像后来启蒙运动的代表人物之一狄德罗所描述的那样："朗格勒的猫如此贪吃，看着它们令人生疑的样子，人们会把施舍给它们吃的东西说成是它们偷的东西。"农户对猫算不上尊重，家门前警觉的狗驱赶它们，农户没好气地呵斥它们，甚至当它们离鸡圈太近的时候，还得挨上两脚，农户生怕猫会对这些"手无寸铁"的鸡做出什么血腥的事情来。在农户眼中，这些瘦骨嶙峋的猫诡异、贪吃、不忠，他们对待猫的方式，在爱猫人眼中可以说是冷漠无情的。

用农户的话说："这些都是没用的吃货！"

不仅如此，在很长一段时间内，法国农村的地主是严令禁止佃农、牧民或者短工在家里养猫的，因为猫被指控吃掉了巢中的鸟儿和可爱的野兔，而鸟儿能够消灭害虫，野兔应当是人类的晚餐，不应该成为猫胃里的油水。

猫究竟是不是杀害这些小动物的罪魁祸首？猫不会说话，无法为自己辩白。毕竟乡村淘气的孩子也会掏鸟窝，频繁出没的黄鼠狼也能吃兔子。

不仅仅是在法国，猫在绝大多数欧洲的农村都没什么地位："狗有多招人喜欢，猫就有多不招人待见，它们得不到任何抚摸。粗人不懂欣赏它们的真情，将它们放逐。猫在敏感痛苦中煎熬。没有友善的腿让它们蹭来蹭去，农村人的声音对于听觉敏锐的猫来说太过粗鄙。幼猫求食时发出的轻柔的喵喵声，也没有人听。"

在贫穷和饥饿面前，猫的可爱显得不值一提。

不过，也是有例外的。法国现实主义画家米勒的画作刻画了一位搅拌牛奶的女人。在这幅画作中，穿着朴素的农妇正在将香浓的牛奶倒进离心分离器，她要制作黄油。

有趣的是，她脚边还有一只小猫，正亲昵地蹭着她的腿。不远处的门口，有几只鸡在朝着屋里张望，迟迟不肯进门。

米勒是一位现实主义画家，尤其擅长描画乡村的场景，而这幅画的灵感就来自他生活在法国农村的朋友。我们前面提到了，在广袤的欧洲农村，猫并不是农民的宠物，它们很少被允许进入家中，往往被散养在户主屋外的粮仓中或者马棚里，它们自然繁衍。这种在农村放养的猫以自己捕食老鼠为生，只有特别受到人类宠爱的猫，才能够进入家中，蹭蹭主人的小腿，或者卧在温暖的炉火前打盹。

米勒画中的这只猫，就是乡村猫中的幸运儿，它不仅能够随意出入家宅，而且看它跟女户主撒娇的样子，就知道它平时一定得到了额外的宠爱。有一个细节米勒画得尤其传神，就是当猫在屋里撒娇的时候，公鸡和母鸡远远地透过门框，朝屋里偷窥——猫和鸡向来关系不太好，而那几只偷窥屋内的鸡，也说明了这只猫在家里享受着特殊的宠爱。或许我们可以再继续联想，女户主在忙完之后，会特意留一点牛奶，放在小碟子里，让这只小猫过过嘴瘾。

对于清贫的农民来说，和猫亲昵、腻歪，是一件奢侈的事情。

即便被认为贪吃、狡猾，猫也一直围绕在人类的身边。不被宠爱和重视的猫看起来是面目可憎的，但它们还是有存在的正当理由的。

穷人总是有理由抱怨贫穷，可是猫似乎从来没有抱怨过。或许我们可以这么说，并不是人类饲养了猫，而是猫愿意陪伴在我们身边。

②

生而为中世纪的猫，我很抱歉

虽然猫在欧洲农村算不上得宠，但最起码，人猫还可以共存，只是它们生存的环境并不是那么舒适罢了。

历史的车轮来到中世纪，人类对猫的态度一落千丈。面对那个势必到来的怪诞的世界，猫显得弱小又无助。

一方面，在中世纪，一只猫的生命轻如草芥。当时的人们非常喜欢用猫皮做交易，而史料记载，宗教人士之所以喜欢用这种"低贱"的毛皮做服装，主要是因为这是一种低成本的御寒方式。中世纪的屠猫遗址中的累累白骨显示，很多猫被专业的养殖人员饲养到成年，目的就是获得它们的毛皮。

另一方面，猫作为一种不招人喜欢的低等动物，被放到了基督教的对立面。中世纪一般是指从公元 5 世纪到公元 15 世纪的时期，是欧洲历史的一个中间时期。人们普遍认为，中世纪开始于西罗马帝国灭亡（公元476年），最终和欧洲文艺复兴及地理大发现接轨。

中世纪的大幕缓缓拉开，在一切都要为宗教让位的时期，不仅人的发展受到压抑和禁锢，猫的黑暗时代也来临了。

一开始，在中世纪初期的几百年间，宗教对猫还算仁慈。欧洲的宗教人士喜欢猫，原因很简单，猫有强大的捕鼠能力，能够很好地胜任"经卷守护神"的角色。

那时候，欧洲人已经开始在羊皮纸上书写，这种书写材料柔软、有韧性，但是价格十分昂贵。这些羊皮书卷由人工抄写，费时费力。那些抄写在羊皮纸上的《圣经》等基督教经卷，不仅有文字，往往还带有彩色插图，有些书的封面上还装饰有水晶、黄金等，这让这些手抄本变得更加精美绝伦、价格昂贵。有学者计算过，如果卖掉这样一本手抄本的《圣经》，差不多能够在欧洲的城镇里买下一栋楼。物以稀为贵，对于那个时代的欧洲人来说，以基督教经卷为代表的书籍并不仅仅是知识的象征，更是身份和艺术的象征，一般人难以触及，因此，保存好这些经卷就显得格外重要[1]。直到现在，羊皮纸也并没有

---

[1] 期刊文章《中世纪羊皮纸档案》，《文明》，2015年第8期。

完全消失，在现代英国，重要的文件或者声明还会使用羊皮纸作为书写材料，2011年，英国的威廉王子和凯瑟琳王妃大婚，他们的结婚证就是用羊皮纸做的。

由于藏书的地方往往老鼠肆虐，猫被认为可以保护经卷不受老鼠啃噬。猫成为人类历史上最早的"图书管理员"。而猫所守护的图书可比现代大规模印刷的图书要昂贵得多，是绝对的奢侈品。因此，猫责任重大，受到修道士们的称赞和喜爱。

虽然一开始是因为猫的功能性而接纳了猫，但是，心肠柔软的僧侣们难免会对猫日久生情。

8世纪末，一位在奥地利修道院修行的爱尔兰修道士专门为他的白猫庞古尔赋诗一首[1]。于是，庞古尔成为欧洲史料记载的第一只生活在教堂的宠物猫。这首不起眼的小诗被修道士写在宗教手稿的空白处：

当一只老鼠溜出洞，
我的猫咪是多么高兴！
当我大方展露我的爱，
我感到多么快乐！

[1] 图书《猫：九十九条命》，湖南文艺出版社，2007年版。

我们平静欢乐地工作，

我的猫和我，

我们在自己的艺术里找到幸福，

我有我的幸福，它有它的幸福。

日复一日地磨炼，

我的猫已精通它的行当。

我日日夜夜寻找智慧，

将黑暗变成光明。

我们现在已经不可能知道这位修道士的名字了，我们唯一知道的是，那时候，猫曾经在修道院度过了一段和人类非常亲密的日子。跟那些生活在农场里、看人脸色吃饭的猫相比，修道院里有养鱼池，猫守护经卷有功，经常可以愉快地分到鱼来吃。

不过，幸福的日子总是短暂的。对于日渐被宗教气息笼罩的欧洲来说，这是僧侣和猫咪之间最后的温存。不久之后，兢兢业业在教会和图书馆上班的猫被"撤职"，它们的命运如风飘絮，如雨打萍。

猫在中世纪受到排挤、迫害的原因，主要和欧洲历史上两个重要的历史事件有关，一个是在 14 世纪肆虐欧洲的鼠疫，另一个是随之而来的猎巫运动。

从 13 世纪到 17 世纪，整整 400 年，猫在欧洲，尤其是西欧，几乎没有立足之地。那时候的人认为世界上充满着无法理解的鬼怪和魔法，而猫则参与其中。

为了更好地了解猫和鼠疫的关系，我们先来说说猫和女巫。

当教会取代古罗马帝国成为主宰之后，欧洲各地相继皈依了基督教。但是先前对于其他宗教的崇拜，还是在民间的角角落落被保存了下来，这些宗教的遗留被基督教笼统地归结为"异端"，要加以铲除。

而曾经流行的那些关于猫的信仰，成了它的原罪。因为猫并不是基督教的神。

猫的地位在中世纪一落千丈，是从一份臭名昭著的文件开始的。1233 年 6 月，古罗马教皇格利高里九世颁布了"罗马之声"。这份训诫性质的文件特别提到了那些不信仰基督教的异端对于魔鬼的崇拜，谴责了异端分子背弃上帝的信仰，秘密集会，他们居然崇拜魔鬼。这个魔鬼先是一只大癞蛤蟆，然后变成一个形容枯槁的男子，最后，幻化成一只猫[1]。

在这份正式的教皇诏书中，猫，尤其是黑猫，被官方认定

[1] 博士论文《〈女巫之锤〉与猎巫运动》，2011 年 3 月。

为魔鬼——谁信仰猫、庇护猫、爱猫，就是公然与基督教为敌，就是背弃上帝。那些拥有猫，尤其是有黑猫的人被逐出了教会。教皇格利高里九世鼓励人们用黑猫祭祀。除非它脖子上有一撮白毛，这撮白毛被称作"天使的印记"，也被称为"上帝的手指"。

离开古埃及之后的猫，褪掉了自己的一身神性，它们带给普通人方便，给孤寂清修的修道士以世俗的快乐。然而，就是这世俗的快乐，让中世纪的猫背上了两大罪名，一个是诱骗基督徒的爱——上层的基督教徒警告普通修道士和广大信众，他们对猫的迷恋妨碍了清修，折损了基督徒对上帝的爱："你在修道院抚摸猫背获得的乐趣，超过了主教巴齐尔生活在上帝威严中的乐趣！"[1]

宗教对猫的态度开始影响到世俗生活，从上层社会到普通人家，无一幸免。可能有不少人私底下会觉得猫很可爱，但是，随大流地厌恶猫、批判猫、和猫划清界限，是一个绝对不会出错的选择。

于是从 14 世纪开始，欧洲上流社会把猫列入了餐桌礼仪当中，严禁人们在吃饭的时候抚摸猫或触碰猫。那些不小心被

---

[1] 图书《猫的私人词典》，华东师范大学出版社，2016 年版。

猫染指的食物，必须毫不留情地丢弃，就像丢弃被苍蝇污染过的食物一样坚决。

第二个罪名，也是最核心的罪名，就是猫是女巫的化身，而女巫是魔鬼在人间的代理人。

魔鬼为什么如此罪大恶极？在《圣经》中，魔鬼最初的名字叫作撒旦，本义是"抵挡"，基督教故事中引诱夏娃的那条蛇，就是魔鬼的化身。而基督教认为，魔鬼是上帝最大的对手。魔鬼本来也是天使，后来因为反对上帝，堕落成了魔鬼[1]。他主要做的事情就是让人放弃对上帝的信仰，如果有人愿意和魔鬼做交换，就能够换取魔鬼给予的魔法或者丰厚的物质报酬。

魔鬼是人世间所有的疾病、贫穷、混乱、不道德的始作俑者，但是魔鬼并不轻易现身。魔鬼在人世间有自己的代理人，这些代理人就是大大小小的巫师，尤其是女巫。约瑟夫·格兰维尔在 1689 年将巫师的特征归纳如下：

1. 她们在涂上油脂后，飞出窗外，到达遥远的目的地；

2. 她们变形为猫、兔子及其他动物；

3. 她们通过嘟囔无意义的词句举行荒谬的仪式，引起

---

[1]《新约·启示录》中描写了魔鬼的形象。

骚乱 [1]；

…………

因此，一定要先处死巫师。

怎样判断一个人是不是巫师呢？在中世纪欧洲人的眼中，巫师有男有女，不过以女性居多，而且以年老、贫穷的妇女居多。她们往往年龄在 50 岁以上，苦出身，是农妇、乞丐、逃犯，或者是打散工的苦命人。

女巫和猫又有什么关系？周作人曾考证过这段历史，一般认为，女巫会变成其他动物，其中最有名的就是猫。

德国民间流传着关于女巫变成猫的传说：一个小村庄的磨坊中接二连三地发生命案，一些穷苦的雇工毫无来由地死去。正当磨坊主苦于无人可用的时候，有一个年轻人来到他的面前，主动争取这份工作。磨坊主非常开心，同时也忧心忡忡地说："这里最近颇不宁静，有人说是被女巫缠上了，希望你做好心理准备。"年轻人扶了扶腰间的长剑，微微一笑，表示并不害怕女巫，他十分需要这份工作。午夜时分，万籁俱寂，年轻人在炉火边打盹。这时候，有几只猫从墙洞中蹿出，它们扑向年轻人，同时身形开始急速变大，变得像一个成年男子那

[1] 博士论文《近代早期西欧的巫术与巫术迫害》，2006 年 4 月。

么大。年轻人抽出宝剑，砍掉了一只猫的腿，其他几只猫尖叫着逃跑了。第二天，年轻人告诉了磨坊主晚上的遭遇，说："这些神神怪怪的东西不会再出现了。"磨坊主又喜又忧，喜的是年轻人把女巫赶走了，忧的是他的妻子突然生了急病，卧床不起。

年轻人听说后，主动提出帮忙看病："我略通医术，我帮您看看吧。请您把手伸出来。"可是病入膏肓的磨坊主妻子只愿意伸出左手，右手一直藏在被子里。年轻人掏出昨晚那只被他砍下来的猫爪，这时候，磨坊主的妻子神情大变，她承认，自己就是女巫，昨天晚上变形成了一只猫，而其他几只猫则是她的同伙，都是女巫[1]。

但凡有点智商的人都不会相信这样的故事，但偏偏这样以讹传讹的坊间传闻，把猫同邪恶联结在一起。女巫会变成猫，还会变成黑猫，与此同时，她们还会有自己的精灵，这些精灵往往会变成动物，比如猫、兔子或者没有腿的猎狗。1644年，英国一位"搜巫将军"宣布，在多日坚持不懈的搜寻下，他终于破获了一个由七八个女巫组成的女巫组织，而她们被发现的原因就是，某个周五晚上，这些女巫要集会，其中有个

---

[1] 图书《周作人自编集：秉烛谈》，北京十月文艺出版社，2012年版。

女巫召唤了她的精灵——一只猫，去另外的女巫那里传话，这只精灵被"搜巫将军"半路拦截，它对于自己及女巫的行径供认不讳。于是，"搜巫将军"宣布，这个"女巫团"案正式告破[1]。

我们很难摆脱历史的局限性去批评当时的欧洲人，毕竟和同时期富庶的中国宋明社会相比，彼时的欧洲还是一个不折不扣的贫穷社会。学者这样形容当时欧洲社会的惨淡："在那里没有商店、碎石路，也没有公共服务，教堂作为唯一的公共建筑而存在。这是一个小贩、本地集市、黄土大道、水井、个人和烛光火焰构成的世界。房屋潮湿而有臭味，极不舒服，家养牲畜和人在同一屋檐下生活。"[2]

而当时的人们对巫师的指控，往往与疾病和农业生产有关，这恰恰是普通民众最为看重的地方，也是最容易引起恐慌的地方[3]。

人怎样才能摆脱巫师的摆布，摆脱不幸呢？要对付这些狡猾的巫师和她们的猫，最好的办法就是火刑[4]。

---

[1] 博士论文《近代早期西欧的巫术与巫术迫害》，2006 年 4 月。
[2] 图书《与巫为邻：欧洲巫术的社会和文化语境》，北京大学出版社，2005 年版。
[3] 博士论文《近代早期西欧的巫术与巫术迫害》，2006 年 4 月。
[4] 博士论文《〈女巫之锤〉与猎巫运动》，2011 年 3 月。

人们，尤其是社会底层的劳苦大众，感到孤独和无助[1]。当人们面对突如其来的苦难和困境，找不到求解之路的时候，就会迁怒于这些女巫，包括她们身边的猫。从1430年到1782年，这三百多年的时间内，有数万个巫师被处死，而被处死的猫不计其数，整个欧洲，猫的数量急剧下降。

中世纪有很多开明人士，但是极少人认为处死女巫有什么不对，烧死猫有什么不妥。毕竟在他们眼中，跟因巫术带来的"天谴"相比，处死几个女巫，烧死几只猫，是无足轻重的。

1682年，路易十四颁布法令禁止对巫师进行审判。1749年，随着最后一名女巫在巴伐利亚被处死，这场轰轰烈烈的猫咪迫害运动暂时告一段落。

[1] 图书《社会学》，商务印书馆，1991年版。

3

猫、女巫与黑死病

> 最要紧的是，我们首先要善良，其次要诚实，再其次
> 是以后永远不相忘。
>
> ——陀思妥耶夫斯基

1348 年，一艘满载着东方香料及其他贸易品的货船长途跋涉抵达欧洲，当它巨大的身躯到达港口的时候，早早在港口边等待的人们发出阵阵欢呼声。对于 14 世纪的欧洲人来说，海上贸易已经是促进经济发展的重要手段，有不少人以此为生。然而这艘货船与众不同，它带来的不仅仅是来自东方的财富，还有顺着海上贸易线从中亚地区远道而来的旅客。这些旅客下船了，他们脸色苍白，呼吸急促，不断咳嗽。

等待多时的人们没注意到什么异样，但实际上，这些远道

而来的人早已病入膏肓，他们身上携带的致命的病原微生物就是鼠疫耶尔森菌。

虽然当局紧急宣布禁止生病的人上岸，可是那些携带着病原微生物的老鼠，却顺着商船上的绳索登陆了意大利，随后入侵整个欧洲。

人类历史上曾经暴发过好几次重大传染病，但是从1347年前后开始在欧洲大陆肆虐的黑死病（鼠疫）无疑是最引人注目且最具有毁灭性的瘟疫之一，是人类历史上永恒的梦魇。

黑死病主要通过人、鼠、跳蚤的共存流传。由于鼠疫耶尔森菌切断了人体中的内循环，所以染上这种病的人会在短时间内浑身出现出血点，然后演变成黑斑，手脚发黑，身体生疮，最终全身溃烂而死。黑死病因此而得名[1]。而在当时的欧洲，感染上黑死病的人，基本上必死无疑。而其他人如果接触到这种疫病的飞沫、血液、尸体等，也会被传染。

黑死病开始流行，人们束手无策，大批大批的人死去。黑死病在欧洲足足肆虐了4年，据学者估计，有三分之一以上的欧洲人被夺去了生命。

惊慌的人们开始寻找原因。

---

[1] 期刊文章《论14世纪英国的聚落环境与黑死病的传播》，《世界历史》，2011年第4期。

14世纪的欧洲，在暴发疫病之前，呈现出一片欣欣向荣的景象。虽然精神上处于宗教的压制中，但是这并没有影响欧洲经济的快速发展。人口膨胀，城市扩容，贸易兴旺。贵族的庄园富丽堂皇，但是平民区的卫生却十分堪忧，污水横流，老鼠成灾。普通人没有卫生意识，而且蔑视医学。

他们不仅没有将这次传染病和老鼠关联起来，而且偏执地认为瘟疫的流行都是女巫、魔鬼和异教徒的把戏。宗教也宣称，这是上帝对人类的惩罚，如果想要洗脱罪名，除了向上帝祷告，还应当找出明显的罪人。

于是，犹太人、异教徒、巫师、同性恋者、与社会格格不入的人，都成了被怀疑的对象，都成了替罪羊。其中，对犹太人的人身攻击频频发生。而猫也无法幸免。猫是女巫和魔鬼的化身，被焚烧，被迫害，被虐杀。

前文已经提到，中世纪中晚期，猫被当作女巫的宠物和魔鬼的使者，或者干脆就被当作女巫和魔鬼本身。人们无法找到疫病发生的原因，就将其归结为女巫在施法，猫也罪加一等，应该被处死。在接下来的两百多年间，无数猫连同它们的主人一起被杀死，一般来说，它们的主人都是女人，尤其是贫穷、年老、孤苦的女人。

大批大批的猫被处死，鼠类缺乏天敌，所以其数量呈几何级增长，这客观上大大加快了黑死病传播的速度[1]。同时，猫身上虽然带有鼠疫耶尔森菌的抗体，但是也存在感染的风险，猫被感染后有潜伏期，从一天到五天不等，如果人在这时候接触或者处死携带有鼠疫耶尔森菌的猫，也会被感染，并且会很快发病死去[2]。

1352年，黑死病逐渐从欧洲大陆消失。多年之后，现代科学家指出，并不是当时的人类战胜了黑死病，而是黑死病自己"收手不干"了。而最大的原因可能是死去的人太多致使传染源被切断了。

猫在中世纪的日子并不好过，一方面，它们成了黑死病的替罪羊，另一方面，它们在猎巫运动中饱受牵连。

15世纪开始兴起的猎巫运动是非常荒诞不经的，但是，同样产生了深远的社会影响——穷人们逐渐相信，迫害他们的不是宗教，而是女巫和魔鬼。穷人和教会、统治者的距离越拉越大，教会和统治者高高在上，而穷苦大众则在社会的最底层，彼此猜忌。人和人之间互相争斗，整个社会充满着戾气和不信任。

---

[1] 期刊文章《鼠疫研究进展》，《中国人兽共患病学报》，2011年第27期。

[2] 期刊文章《猫在疾病传播中的流行病学作用探讨》，《疾病预防控制通报》，2012年第5期。

对于 15 世纪的欧洲人来说，就像一个世纪以前，欧洲暴发黑死病，人们把愤怒发泄在猫、犹太人、异端分子和同性恋者身上一样，对于贫穷、天灾和农作物歉收，人们也要找一个替罪羊，这个替罪羊，就是女巫和她们的猫。

时至今日，我们永远无法理解那个时代欧洲人的恐惧，我们对于他们的评价只有两个字——野蛮。

但是他们（尤其是社会底层的普罗大众）的可悲之处就在于，死亡和饥荒的恐惧是真真实实存在着的，谁也无法反驳。

与其说他们恐惧魔鬼、巫师和小猫咪，不如说他们恐惧饥荒、疾病和死亡。再加上当时的基督教反复宣称末日即将来临，却从没有说清楚什么时候会来、具体有什么征兆[1]。因此，人们整日生活在末日即将来临的恐惧中。

饥荒像是末日，疫病像是末日，飞来飞去的女巫像是末日，甚至院子里偶然蹿出来的猫也像是末日到来之前的征兆。

尤其是经过疫病、战争和死亡的洗礼，这种末世的荒凉感更加强烈。

人类或许有一千种孤独，但是，他们忘记了在数千年前主动向他们走来的猫咪，可以成为他们的避难所。

---

[1] 引自《马太福音》。

对于中世纪的猫来说，它们选择沉默，直到人类能够纠正自己的谬误。或许猫希望人类有一天会懂得，正因为疾病、灾难和死亡就在眼前，更应该学会去爱。

或许猫相信，只要爱还在，希望就在。

人类有时候很温柔，在他们富足的时候；有时候又很暴力，在他们陷入恐惧的时候。猫似乎可以看透这一点。

猫并没有从人类历史中隐匿，它们只是静静地走开。猫似乎也没有抗争，只是用那双从万古洪荒中穿越而来的眼睛，注视着人类的慌张、惊恐，看穿人类心中的怕与爱。

4

欧洲的屠猫狂欢

被烫过的猫害怕热水，

那些把猫拿去煮的人，

应该把他们拿去冰镇。

——雅克·普莱维尔

1963 年，在牛津大学做博士论文的罗伯特·达恩顿追踪到了一批 18 世纪的法国档案资料，在这批资料中，他读到了一个叫作尼古拉·孔塔的人的文献记录。这个人年轻的时候曾经在巴黎做过印刷工人，并且目睹了一场"屠猫狂欢"。

透过达恩顿历史学家的视角和小说家的文笔，我们至今仍然能够通过那场发生在 18 世纪法国的屠猫狂欢，看到那些贫穷的农民、受压迫的工人、冉冉升起的资产阶级和逐渐没落但是依然风光的贵族，看到他们之间的紧张关系。

1740年左右，在法国巴黎的圣塞佛伦街，一场"大戏"正准备上演。

"大戏"的导演是几位平日里默默无闻的印刷业学徒。当他们背着行囊来到巴黎的时候，所有人都暗示他们，这是一个充满前途的地方，他们将在这里扎根立足，赚钱发财，突破阶级，走上人生巅峰——巴黎，像一个用金线编织成的梦。这些穷苦人家出身的小伙子们都指望着通过自己艰苦卓绝的努力，金灿灿的财神爷会带着镶满宝石的捕梦网，在某个平淡无奇的夜晚翩然而至，带领他们脱离苦海，去往纸醉金迷的远方。

可是，好几年过去了，什么奇迹都没有发生。

宿舍里挤进来的学徒越来越多，饭菜越来越差，师父叮嘱厨师给这些壮小伙子们多做点荤腥——他们天天干苦力，可不能吃得太素。厨房里那个油头粉面的师傅一边满口答应，一边却偷偷把大鱼大肉拿去卖掉，中饱私囊。拿给学徒们吃的是什么呢？师父和师娘养了不少宠物猫，厨师在给宠物猫备饭的时候，把好肉先给猫留着，剩下的那些太老、太柴、让人难以下咽的肉，统统给这些学徒吃。

有一次，学徒实在是吃不下厨房做的菜，又怕倒掉太可惜，刚好看见师父和师娘的猫在院子里散步，就把剩饭丢给它。猫走过去闻了闻，露出嫌弃的表情，掉头就走。这个学徒的内心受到了极大的震撼，自己在这里卖命干活，换来的就是这样的待遇吗？

师父和师娘把猫看作心头爱，他们养了差不多 25 只猫。在彼时的巴黎印刷业，养猫是一种时尚，也是一种地位和身份的象征。这家印刷厂也是如此，他们家的每一只猫都有专人伺候，而且还雇佣画师给它们画像。所有的一切，学徒们都看在眼里。

为什么一群活生生的人还不如几只喵喵叫的猫呢？乡下的猪、牛、羊，哪个动物不是天不亮就下地干活，怎么就猫这么高贵呢？为什么它们能卧在师娘的脚边睡到自然醒，他们却要饱受折磨呢？

人不如猫。

无法接受这一点的印刷业学徒们发起了一场令人毛骨悚然的屠猫仪式。

他们找到师父和师娘的宠物猫，折磨它们，并且毫不留情地杀死它们。先被置于死地的是师娘养的小灰。工人们追赶、棒打、溺死这毫无防备心的生灵，他们发出痛快的笑声。

小灰的惨叫声惊动了师娘，她提着重重的裙子冲出家门，发现小灰已经咽气，死状可怖。她尖叫着告诉自己的丈夫，这个遇事就容易暴躁的印刷业老板火冒三丈，工人们看到崩溃的师娘和失控的师父，更加得意了。

为什么杀猫会让他们觉得有趣？社会学家这样解释他们的心态："工人、学徒，每个人都在工作。只有师父和师娘在享受睡眠和美味。这使得罗热姆和莱伟耶心怀怨恨。"[1]而罗热姆和莱伟耶正是这场屠猫狂欢的始作俑者。

其他印刷业学徒从这场屠猫狂欢中得到了启发，原来还可以用这样的方式折磨自己的老板！随后这场屠杀波及面扩大，整个巴黎的猫都被殃及。当时法国的有钱有闲阶级酷爱撸猫，所以折磨猫，就等于折磨这些该死的有钱阶级。在这样一个新旧交替的历史时刻，猫成了人类泄愤的工具。古往今来，那些被愤怒冲昏头脑的人类都擅长倚强凌弱，猫却只能默默承受，因为它们既不能开口辩解，也无还手之力。

而这些印刷工人的反应是什么呢？根据尼古拉·孔塔的回忆，这些年轻人觉得非常好笑，他们"哈哈大笑，闹成一团"[2]。

对于生活在好几个世纪之后的现代人来说，这确实没有什么好笑的。而对于爱猫人来说，更是不能理解其中的笑点，

---

[1] 图书《屠猫狂欢：法国文化史钩沉》，商务印书馆，2014年版。
[2] 图书《屠猫狂欢：法国文化史钩沉》，商务印书馆，2014年版。

一群成年男子对着几只毫无还手之力的猫咪大开杀戒，这让我们笑不出来。

问题来了，为什么是猫？为什么杀猫这件事情这么"好笑"？

首先，在当时的欧洲，一直有着以折磨猫为乐的民俗。

对于当时的很多人来说，折磨猫不是一个道德议题，仅仅是大家习以为常的一种通俗娱乐[1]。为了庆祝儿童节，法国中部城市瑟米尔的市民会将猫绑在柱子上，点火来烤，猫咪发出尖锐的叫声，儿童在旁边被逗得哈哈大笑。在巴黎，从1471年起，国王路易十三会亲自到广场点燃欢乐之火，然后将事先装入袋子里面的几十只猫投入火中。

不仅仅是法国，英国也是一样的残忍。在宗教改革期间，为了讨好宗教人士，有人会刮干净猫的胡子，并给猫穿上长袍，好让猫看起来像神父。不过别想得太天真，他们的目的不是为了膜拜它，下一步就是将猫钉在十字架上，或者将其送上绞刑台。

其次，从之前的分析我们可以粗略地了解，猫被认为与魔鬼和巫术相关。

[1] 图书《屠猫狂欢：法国文化史钩沉》，商务印书馆，2014年版。

当时的人普遍相信女巫会作法害人,她们会变成各种各样的动物,其中最常见的就是变形为猫。他们认为,女巫会在每周二或者每周五的时候参加一个叫作"巫魔会"的集会,在这个集会上,不轻易现身的魔鬼会变成一只大公猫。

在这个集会上,它们又唱又跳,疯癫打斗,互相杂交。因此,普通人可不要轻易去招惹这些猫,尤其是在星期二或者星期五晚上出没的猫。如果一个法国乡村的农民偶遇一只蹭他腿脚的猫,他不会弯下身来摸摸猫,反而极有可能赏它一顿毒打,因为据说残废的猫是不能够施展法力的[1]。

第三点原因,也是最深沉的原因,就是对于猫的伤害体现了城市中的工人阶级对于资产阶级的恨意。

从 15 世纪开始,印刷术开始取代羊皮纸书写,成为主要的书籍复制和传播形式。而那时候的印刷业也不仅是一种新兴产业,更是火红的朝阳产业。在那个印刷业刚刚在巴黎站稳脚跟的黄金时代,误打误撞进入这一行的印刷工人过着自由自在的神仙日子,他们有着可观的薪水,还有充足的休闲和睡眠时间,师父和师娘对他们很友善,学徒和学徒之间、学徒和师父之间关系很和谐,他们是相亲相爱的一家人。但是时过境

---

[1] 图书《屠猫狂欢:法国文化史钩沉》,商务印书馆,2014 年版。

迁，当尼古拉·孔塔等人听说巴黎的印刷业待遇优渥，怀揣着梦想前来打拼的时候，印刷业已经不复当年的风光。越来越多的年轻人挤进这个行业，因此工人们的薪水开始逐年下降，没有协会来保障他们的权益，而资本家老板也不会考虑学徒们的死活——瘦死的骆驼比马大，他们已经悄无声息地挣够了钱，所以可以在丝绒大床上一觉睡到天亮，招猫逗狗。

工人们认为，资产阶级的可恶就在于老板不用工作，他们的妻子和女儿还可以养宠物[1]。

这是一种非常微妙的心态，以印刷业学徒为代表的工人面对着资产阶级的压迫，开始从心中升腾出一种强烈的不满。他们无法直接找到老板或者老板娘发泄这种不满，于是，他们选择冲猫下手，而且是用一种暴力的形式。

心理学上有一个名词叫作"踢猫效应"，意思是说人的坏情绪会随着社会等级关系而一环一环地传递，最终传导到最底层，那个无法反抗的弱者就成了暴力行为的最终受害者。而针对当时的情境来说，资本家、印刷业学徒和猫——猫就是最终的受害者。印刷业学徒在资本家那里受了气，就去欺负比他们更加弱小的东西，比如猫。尽管我们一再说，被驯化了的猫

---

[1] 图书《屠猫狂欢：法国文化史钩沉》，商务印书馆，2014年版。

仍然野性未除，是顶级的猎手，然而面对孔武有力的人类，它们也只有被欺负的份儿。

不过在彻底了解了人类的不仁、无常和盲目之后，猫仍然没有走开。它们远远地站在一个不为人知的高处，睥睨众生。

⑤

笛卡尔、边沁等哲学家的脑回路

猫的处境让人心碎。

我们已经知道，在当时的欧洲，受伤的总是猫咪的原因——宗教、迷信和贫富差距。可是当时的人们对猫如此苛刻，他们的内心不会痛吗？人人都有同情心，为什么那个时代的大多数人，对于猫咪受到的不公正待遇无动于衷？

我们还可以从这个事件中找到更深层次的哲学因素。

19世纪的奇书《魔鬼辞典》中收录了"猫（Cat）"这一词条，当爱猫人士兴冲冲地翻到有"猫"的这一页，99%的人都会想去撕烂作者的三寸不烂之舌。他是怎么定义可爱的小猫咪的呢？他说：

大自然所创造的柔软、乖顺的机器，专供家庭生活不顺遂时暴打和虐待之用。[1]

该书的作者安布罗斯·比尔斯是一位美国文坛怪杰。他出身贫苦，但是才华横溢。他对猫的看法让人不快，不过这不是安布罗斯·比尔斯首创的，毒舌如他，也只是当时一种主流哲学思想的搬运工。

这种理论的鼻祖就是哲学家笛卡尔。笛卡尔是 17 世纪法国伟大的哲学家，现代西方哲学的奠基人。他的名言贴在众多教室里，就是那句著名的"我思故我在"。虽然大多数人不明白这句话中的深意，但是丝毫不影响笛卡尔在人类思想史上闪耀的光芒。

出生于法国的笛卡尔家境富裕，又从议员父亲那里继承了可观的遗产，这让他有充足的时间去潜心思考。他特立独行，永远衣冠楚楚，腰中佩戴着一柄宝剑。和他一丝不苟的形象相呼应的，是他对动物居高临下的态度。

笛卡尔认为，动物就像机器一样，完全是由毫无意义的零部件组成的，因此动物毫无知觉，更没有办法感受到疼痛。笛

---

[1] 图书《魔鬼辞典》，远足文化，2016 年版。

卡尔的观点对于当时的人影响很大："人可以随意地肢解动物，就像钟表匠拆解钟表一样。你会心疼一只被拆解的钟表吗？不会。那动物也是如此。"[1]

就拿猫来说，既然它们毫无知觉，感觉不到疼痛，所以即便是对它们做一些很过分的事情，也没有关系。比如当时在欧洲王室中流行的一种娱乐：猫琴。1571年，比利时布鲁塞尔人为西班牙国王查理五世举行游行的时候，为了娱乐这位神圣的帝王，他们用到了猫琴。

猫琴是一种令人咂舌的乐器，人们把几只猫分别关在箱子里，在箱子上面掏出一个小孔，让猫尾巴从小孔里露出来。开始表演的时候，演奏者就会有节奏地拽猫尾巴，猫发出尖叫声，听众们载歌载舞，拍手大笑。查理五世这位南征北战的帝王是否喜欢猫琴这种音乐，我们不得而知，想必猫琴演奏出来的音乐，应该不会是一种美妙的音乐[2]。

比利时人并不是这种恶趣味的创始人，猫琴的前身其实是猪琴，是法国人发明的。猪琴比猫琴更残忍，人们把猪圈在一起，然后在周围装上带针刺的装置，演奏者按照一定的节奏

---

[1] 期刊文章《笛卡尔的"动物是机器"理论探究》，《南华大学学报（社会科学版）》，2019年第10期。

[2] 图书《猫的私人词典》，华东师范大学出版社，2016年版。

去踩踏板，连带着的针就会有节奏地去扎猪，猪发出尖叫声，围观的人纷纷大笑。后来，法国作家在记录史实的时候对这段不堪的历史表示忏悔，坦诚的法国人认为这样做确实是丧尽天良，罪大恶极 [1]。

这是一种非常残忍的乐器，然而据说在历史上还有人通过猫琴治好了一位意大利王子的忧郁症，因为王子听到猫琴的音乐就会发笑。这让人无法理解。

笛卡尔的哲学思想影响很大，一方面，他提出的"我思故我在"肯定了人的作用，挑战了长久以来神学对于人的禁锢；另一方面，作为一个非常有声望的哲学家，笛卡尔关于动物是机器、感觉不到疼痛的观点，为当时盛行的科学实验提供了庇护。当时的欧洲出于科学研究的需要，经常用动物活体做实验，社会上曾经出现了用动物活体做实验是否残忍的争论。笛卡尔的观点在很大程度上打消了研究者的顾虑 [2]。

笛卡尔的伟大举世公认，但是他对于动物的观点在一定程度上助长了人性中恃强凌弱的一面。当时的人们普遍认为动物只是人类的工具——马、牛、羊、猪生来就是要被人奴役

[1] 图书《猫的私人词典》，华东师范大学出版社，2016年版。
[2] 期刊文章《笛卡尔的"动物是机器"理论探究》，《南华大学学报（社会科学版）》，2019年第10期。

和吃掉的，即便是猫这种自由的生灵，也是为了取悦人类而存在的，上层人士和知名学者也秉持着这样的观点。英国地理学家赖尔就在他的著作中写道："大自然赋予马、狗、牛、羊、猫和许多家畜的那些适应各种气候的能力，是为了使它们能听从我们的调遣，使它们能为我们提供服务和帮助。"

人类总是在反思中进步的。

作为"功利主义"最著名的倡导者之一，英国哲学家边沁旗帜鲜明地反对笛卡尔的"动物是毫无感觉的机器"这样的观点。边沁认为，动物绝对能够感受到疼痛，而且，正因为它们和人一样有着感知能力，所以动物，比如猫，更不应该被残忍对待。边沁为了给动物做辩护，曾经发表了一个慷慨激昂的演说。在演说中，他说："长有几条腿、皮肤是否长有绒毛、骶骨孔是否闭合，这些都不能构成剥夺一个生灵享有与人类同等权利的原因……还有什么使动物解放不可逾越？动物是否拥有思考能力或者语言能力？成年的马或狗，还有其他许多有灵性的动物，显然要比一周甚至一个月大的婴儿更理性。从另一方面来看，这种说法仍旧成立：问题不再是'它们会思考吗'或者'它们会说话吗'，而变成了'它们会感到难受吗'，为什么法律不能对一切生灵提供保障？总有一天，博爱将荫庇所有生灵……"[1]

1773年，在法国梅斯，欧洲最后一个犯下屠猫罪的城市宣布同猫和解。这一年，在最高长官的批准下，本来要被人类变成烤肉的13只猫被释放了，释放它们的人是阿尔芒蒂耶尔夫人，如今梅斯市还有阿尔芒蒂耶尔路，以纪念这位伟大的女性[2]。

1822年6月21日，冲破了重重阻碍，英国正式通过了《防止残忍和不当对待家畜的法案》，俗称《马丁法案》，这是人类历史上第一部防止残忍对待动物的专门性法案。在该法案中明确规定，残忍殴打、虐待、滥用、使动物力竭——任何令动物遭受不必要的痛苦的人类行为，都有可能被认为是违法行为，会受到法律的惩罚。随后，经过社会各界人士的据理力争，包括猫、狗在内的宠物也被纳入了法律保护的范围之内[3]。

在被人类逼到墙角之后，阴影终于渐行渐远，猫迎来了自己的曙光。跟随着人类从狩猎时代到农业时代，从工业革命时代到近现代，数千年过去了，在漫漫历史长河中，猫曾经被人

[1] 博士论文《英国动物福利观念发展的研究》，2015年4月。
[2] 图书《猫的私人词典》，华东师范大学出版社，2016年版。
[3] 博士论文《英国动物福利观念发展的研究》，2015年4月。

类奉为神灵，后来被丢到墙角，再后来被妖魔化，再后来还被工具化。总之，人和猫的相处方式多种多样，其中不少相处方式，并不是猫所喜欢的。

就像一位法国作家所说：猫，不向任何人索要任何东西，被神化也好，被妖魔化也好。它们不需要被奉若神明，它们只想安安静静地待着[1]。

所幸猫并没有离人类而去，当人类溺爱它们的时候，它们就走近些；当人类驱赶它们的时候，它们就躲进阴影里，若即若离。

直到社会上绝大多数人开始觉醒，猫的运势才真正开始往上走。曾经被认为贪婪、无常、狡猾、谄媚、黑暗、懦弱的猫，背负着世间所有阴暗骂名的猫，在欧洲忍辱负重数百年的猫，经过了多年的磨难，随着人类文明的进步，猫终于迎来了自己的曙光。

此时应该为猫响起贝多芬第五交响曲——贝多芬告诉我们，没有一种命运是唾手可得的，没有经受过蔑视，没有忍受和奋斗得来的人生不值得过，猫生也是如此。

真是激动人心，一切都开始反转，猫象征着智慧。旧秩序

---

[1] 图书《猫的私人词典》，华东师范大学出版社，2016 年版。

不喜欢什么，新世界就拥护什么。

　　猫，成了光明和智慧的象征。尤其是黑猫，有着众多拥趸。在东西方历史上，黑猫都有过莫名其妙被人类污名化的血泪史，然而到了19世纪和20世纪，黑猫却向传统公然宣战。它们是反传统和酷劲儿的代名词，这一点刚好和时尚、艺术、思想和哲学不谋而合。甚至还有人在黑猫身上找到了优雅。

　　1958年，纪梵希画了一幅珠宝草图，这张草图呈现的是一位妙龄女子抱着一只黑猫——该女子和奥黛丽·赫本神似。而法国艺术家亨利·马蒂斯也非常钟爱黑猫的陪伴，20世纪50年代，当他卧病在床时，日夜陪伴他安抚他的，就是一只黑猫。

6

"猫奴之父"的首届猫展和品种猫概念的诞生

和欧洲贵族一样,19世纪末的英国女王维多利亚也在猫咪的温柔乡中沉沦。她最爱的是两只波斯猫。

在女王个人喜好的影响下,英国皇宫中经常举办小型的"吸猫大会",参会的都是上流社会的贵族,他们带着自己钟爱的宠物猫,其中以英国本土的短毛猫和波斯长毛猫最为受宠。

经常受邀参会的知名人士中,有一位名叫哈里森·韦尔,他是猫奴,也是著名的猫咪插画家。

发现了英国上流社会对纯种猫的狂热之后,他萌生了一个想法:与其让这些贵族们自娱自乐,不如让更多的人来参与!

维多利亚女王对他举办大型猫展的想法表示支持,于是,

1871年7月13日，首届大型品种猫展在伦敦举行，这就是水晶宫猫展。

猫展上星光熠熠，贵族们带来自家的爱猫，让高傲冷艳的猫主子接受大赛评委们苛刻的审视。哈里森·韦尔既是猫展的发起人，也是评委之一。

既然是比赛，就一定有标准。哈里森·韦尔根据猫头部的形状、被毛的长短、眼睛的颜色等将猫分为不同的类别，他还草拟了评审指南，评委们给猫打分，得分高的猫就可以在猫展中获胜。

哈里森·韦尔凭借着猫展策展人和标准制订者的身份，成了"猫奴之父"。品种猫和非品种猫的区别是什么呢？人们一般认为，最基本的区别就在于，同一品种的猫非常相似，而非品种猫则血统混乱，甚至连长相都各不相同。除此之外，英国人首先提出，品种猫的殊胜之处不仅仅在于血统纯正，更在于它们都有着温顺、黏人和稳定的个性，这让这些品种猫比非品种猫更适合伴人左右，更有商业价值。

在猫展和"品种猫"概念的推波助澜下，更多的猫被繁育和创造了出来，这是"猫奴之父"所始料未及的："我发现多数人的主要理念，与其说是为了提升猫的生活待遇而争取奖牌，不如说是为了满足个人的虚荣心。"

在繁育品种猫的过程中，人们制订了两大标准：一是猫的外形，一只"英国短毛猫"必须长得像"英国短毛猫"，而不能像狸花猫或者阿比西尼亚猫，否则就会被认为血统不纯，影响它们的身价；二是猫的性格，繁育者普遍对猫的捕鼠能力没有任何要求，他们一心希望培育出更加黏人、更加适合伴人左右的物种。那些成年后显现出野性、冷淡和不服从的猫咪逐渐失去了繁育后代的权利，而那些性格温顺讨喜的猫咪则更有资格去交配，它们的后代也更有可能表现出温柔亲人的性格。

物以稀为贵，品种猫一度是名流和贵妇家中的奢侈品，普通人无福消受。19世纪以来，英国和美国率先繁育品种猫。他们定义猫的类型，设立品种的标准。

品种猫有三大来源，一种来源是本身就存在的猫，通过人工繁育让它们的基因、外形或性格更加稳定，比如英国短毛猫、美国短毛猫和暹罗猫。

第二种来源是本身存在、但是基因突变的猫，通过人工繁育让它们的某一种基因更稳定，比如折耳猫、矮脚猫、无毛猫等。

第三种来源是本身不存在、是由人工创造出来的猫，比如孟加拉豹猫。

繁育者知道人类需要什么样的猫——更可爱的外表、更亲人的性格，以及能给人带来情感上的抚慰。于是，很多历史上从未有过的猫品种被创造了出来。

让我们把视线再次聚焦到星光熠熠的水晶宫猫展，其中的优胜者之一是一位本土选手——英国短毛猫。

英国短毛猫（简称"英短"）是世界上最古老的品种猫之一，一般认为它是英国的本土品种。据说英短的祖先是跟着古罗马恺撒大帝南征北战的猫，主要负责保护粮仓，战功赫赫的它们随后被带到了英国。

英短是很多大热 IP 的原型，Hello Kitty 的官网上显示，这只风靡全球的小猫咪就是以英短为原型的，它出生在英国伦敦的郊区，是一只出生在 11 月的天蝎座小猫咪。动画片《猫和老鼠》（*Tom and Jerry*）里，Tom 也是以英短为原型创造的。

英短在猫展上的大获全胜，让猫展开始在爱猫人士当中流行。十几年后，这场爱猫热潮燃烧到美洲大陆。1895 年，美国纽约举行了首次美国猫展，参赛选手主要就是来自美国本土的猫，其中就包括美国短毛猫。

关于美国短毛猫（简称"美短"）的身世，有两种流传甚广的说法。

一种说，美短是美国土生土长的本土品种；另一种则说，美短并不是美国土生土长的，而是随着欧洲移民偷渡来的。

1620 年秋天，一艘满载着欧洲清教徒的小船抵达了美洲。这艘小船不过 27 米长，却足足承载了 102 个人、十几只猫，还有一些生活必需品。这就是大名鼎鼎的"五月花号"。这艘船从英国出发，一直漂了 3 个月才最终抵达美洲。他们不仅带来了早期殖民者，而且带来了猫，这些猫就是美短的祖先。

远航的欧洲船只一直有带着猫上船的传统，毕竟在轮船上，食物和饮用水都经不起老鼠的糟蹋，于是，猫就成了远航的生活必需品。当"五月花号"上的早期欧洲移民下船后，猫也随之登陆了美洲。

在美洲，猫是健壮、勇敢以及"捕鼠能力满分"的代名词。

在同时期的欧洲，它们圆头圆脑的样子也深得贵族们的喜爱，经常和孩子一同出现在象征主义的画作中。在欧洲画家弗朗西斯科·戈雅的作品《唐·曼努埃尔·奥索里奥·德·苏尼加》中，就出现了美短的前身。这幅画现藏于美国大都会博物馆，画中有一只眼睛炯炯有神、带有银色虎斑条纹的猫，它正全神贯注地盯着一只鸟，这被认为是美短欧洲祖先的样子。而从它身旁那个面容姣好、穿着蕾丝领边红天鹅绒紧身衣的小男孩来看，画的是一个上流社会的家庭。

1895 年，在美国首次猫展当中，夺得头魁的就是一只美短，而且它被估出了 10000 美元的天价。一时间，美短攀上了

"猫生"巅峰，贵妇们追捧它，孩子们吵着要拥有它。它们的巨幅头像接二连三地出现在报纸的头版头条，它们享受着至高无上的荣耀。

不过，在短短四十几年的时间内，在北美宠物市场上，一只美短的价格从10000美元的天价开始急剧缩水。到了1939年，一只颜值爆表且捕鼠能力超群的美短只能卖到5美元。美国本土有一批美短爱好者，在美短这个品种陷于困境的时候，他们开始积极地对其进行品种改良。在他们的努力下，美短的外形更稳定、性格更亲人，身体也较它们的欧洲祖先更结实。

此时的猫咪，跟它们的原始祖先相比，在外表方面更为多样化。

1951年，苏格兰一家牧场里诞生了一窝小猫，其中有只叫作苏丝的猫，它的耳朵跟其他猫都不同，它的耳朵是向下耷拉着的。最开始的时候，牧民并没有在意。后来苏丝当爸爸了，这一窝小猫中又出现了折耳猫，这次是一公一母，公猫叫作雪球，母猫叫作鼻涕虫。

雪球和鼻涕虫被带走领养之后，它们的后代中又出现了折耳猫。人们这才决定，把这种折耳猫当成新品种来繁育，并且获得了遗传学家的帮助和支持。苏丝孩子的后代也可以稳定地繁育出这种折耳的猫种。

1978 年，在被发现并选择性繁育将近 30 年后，折耳猫获得了世界上最大的爱猫协会 CFA 举办的猫展的冠军。

苏格兰折耳猫性格温顺，不爱活动，看起来总是很慵懒，而且时常给人一种眼含秋水、楚楚可怜的感觉，饲养的人很多。马未都的观复博物馆就收养了一只苏格兰折耳猫，他给它起名叫作"苏格格"，确实，折耳猫立不起来的耳朵赋予了它我见犹怜的气质。

猫咪的外形都有其相对应的生物学意义，猫耳朵要正常转动、倾斜，至少需要 62 块肌肉的协作。那折耳对于猫意味着什么呢？其实折耳是一种并不太好的基因突变，是一种软骨发育异常。不能立起来的耳朵是一种强烈的信号，表示这种猫患有先天的遗传疾病，在成年之后的某一天，它可能会饱受四肢扭曲和尾部畸形的痛苦，最终会因为疼痛而无法行走，从此与药物为伴。

澳大利亚科学家研究表明，世界上没有完全健康的折耳猫，它们发病只有时间上的早晚和病情上的轻重的不同。

猫是一种忍耐力很强的动物，折耳猫更是如此。表面上看起来它们是在慵懒地休息，实际上它们可能只是习惯了忍受痛苦。

2003 年，欧洲猫协联盟的研究员曾公开 300 个免费 X 光检测名额，让折耳猫繁育者带着它们所谓健康的折耳猫来检测关节问题。但是这些擅长给购买者洗脑说折耳猫不会发病的繁育者，没有一个人带着猫前来做 X 光检测。这或许就很能说明问题了。

和折耳猫相似，矮脚猫也是基因突变的产物。1991 年，初次现身猫展的曼赤肯矮脚猫让世人为之惊艳。纽扣般的大眼睛，圆墩墩的身材，让这种猫看起来像刚出炉的包子一样软糯，又因为它性格亲人，近些年来拥趸很多。但实际上科学研究已经证实，这种为了迎合人类喜好而被培育出来的矮脚猫，比一般的猫更容易得关节炎。

如果说折耳猫和矮脚猫是出于审美的需要而被繁育出来的，那么另一种猫则是为了保护人类而生。1966 年，加拿大安大略省，一只母猫生产了。令人惊奇的是，这窝幼崽当中有一只看起来光秃秃的，好像没有毛。主人用手摸了摸，这只小猫身上只有一层稀疏的绒毛，要不是知道这是猫生的，还真的就像个会发热的桃子。

其实早前在法国和墨西哥也出现过这种小猫，当地人只是觉得这是怪事，但是没有人去培育它。1902 年，新墨西哥州阿尔伯克出现了两只无毛猫，其中一只被狗弄死了，另外一只并没有生育。

安大略省的这只幼猫长大后，人们发现它确实与众不同。它肌肉发达，毛发稀疏，头部不像一般猫那样圆圆的，而是类似于三角形，耳朵长，眼睛大，身上褶子多。猫蹲坐的样子有王者的风范，很像古埃及神话中令人闻风丧胆的狮身人面的斯芬克斯。

在西方神话中，斯芬克斯是拥有狮子身体和飞鸟翅膀的雄性怪物，它受天后赫拉之命，整日蹲守在悬崖边，问路过的人说：什么东西早上四条腿走路，中午两条腿走路，晚上三条腿走路？那些回答不出来的人都会被吃掉。直到有一天，忒拜国王拉伊俄斯之子俄狄浦斯路过此地，果断地回答出了正确答案"人"，之后斯芬克斯羞愤自杀。人们普遍认为，古埃及法老哈夫拉用斯芬克斯的形象造了一座雕像，就是现在被称为世界第七大奇迹的狮身人面像。

无毛猫的繁育者觉得它霸气罕见的外形堪比斯芬克斯，于是加拿大无毛猫又获得了一个暗黑气息十足的名字——斯芬克斯无毛猫。

和它略显暗黑的外形形成鲜明对比的是它黏人的性格。很多猫即便是和主人朝夕相处，也愿意保留一些自己的傲娇。无毛猫则恰恰相反，它表面上看起来凶悍，实际上却毫无攻击性，更不会向人类或者同类主动发起挑战。因为缺乏猫毛保护的它们，非常容易在攻击中受伤，而这对于它们娇嫩的皮肤来说都是无妄之灾，说不定会让自己丧命。

可以说，无毛猫这个品种是为了保护过敏人类而生的。

别看它们长相这么"刚"，名字这么霸气，它们比一般的猫咪更需要人类的爱。无毛猫最适合生存的温度是25℃左右，低于10℃很有可能就会冻死，这注定了这种猫一辈子只能跟人类在卧室内生存，一旦被抛弃，被放逐野外，则必死无疑。如果在寒冷的冬天想要把它带出门，就要像包裹人类婴儿一样把它包个严严实实，否则就会有致命的危险。

现在，猫的品种前所未有地多，并且有更多的种类正在被繁育出来。

法国观察家约瑟夫·梅里说："上帝创造猫，是为了让人类体验抚摸老虎的乐趣。"

但实际上，人类不仅想要抚摸老虎，我们还想要抚摸非洲的狮子和亚洲的豹猫……

于是，有人比照着这些动物的样子，繁育出了新的猫种。

20世纪50年代，美国肯塔基州的尼克·霍纳为印度黑豹的模样而着迷，他突发奇想，能不能比照着印度黑豹的样子，复刻一个缩小版的黑豹呢？

1958年，由缅甸猫和美国黑色短毛猫杂交的小黑豹诞生了。这种猫本身和印度毫无关系，只是因为酷似印度黑豹，所以人们就以印度城市孟买来命名这种猫，称其孟买猫。

而1963年，美国基因学家琼·萨格登宣布了一项杂交计划，他用家猫和亚洲豹猫交配，最终目的是希望培育出兼具豹猫野性斑纹和家猫温柔个性的新品种。在四代之后，当杂交后的猫身上只有八分之一的亚洲豹猫血统之后，孟加拉猫诞生了。也有人喜欢把孟加拉猫叫孟加拉豹猫。

随着工业革命的进程，猫砂的发明成为促使猫走进千家万户的重要契机。美国《商业周刊》曾经将猫砂评为20世纪最伟大的发明之一，这个头衔猫砂当之无愧。

猫是一种极为审慎的生物，它们会选择松软的沙土排泄，并且迅速将排泄物掩埋，这样做不仅是为了干净，还能够掩饰自己的行踪。那些想要把猫养在家里的人，要么是准备一个盆子，在里面装上土、沙子，甚至煤灰，让猫排泄；要么被迫选择散养猫，让猫在家吃饭睡觉，但是留个门洞让它们跑出门去排泄。不过这也带来一个问题，就是家养的爱猫很容易走丢。

1947年，27岁的美国人爱德华·罗威发明了黏土猫砂。托猫砂的福，在所有的家养动物里，猫成为最为特别的存在，只有猫能够在家中自由来去。它们溜进书房，跳上主卧的大床，人类的家成了猫的领地。

宠物猫的出现增进了人和猫的情感联结，而猫砂的发明则催生了一个新岗位的诞生——"铲屎官"。

　　这时候的猫已经不再标榜自己是捕鼠能手，它们深知美貌和可爱就是正义。如今，地球上的绝大多数动物都忙着靠体力打拼给自己挣口饭吃，就连曾经贵为万兽之王的老虎，也难以摆脱被人类关进牢笼、用铁链子锁着充当拍照背景板的命运。唯独猫另辟蹊径，深谙"柔弱胜刚强"的道理，仅仅靠可爱卖萌占领了人的内心。在社交网络上，爱猫已经成了一种"政治正确"，但凡有人对猫有一点不好，一定会招来四面八方爱猫人士的口诛笔伐和道德审判。

第三章

漂流

猫奴在中国

5300 年前，中国就有猫奴了

　　在很多人的印象里，猫是现代人的宠物，在悠长的中国古代历史中，猫应该是没有太多存在感的。但实际上，当我们穿越进中国古代的历史洪流中，就会发现，可爱的猫咪始终围绕在中国古人的身边，并象征着某种意义——它们有时候被奉若神明，有时候又被解读为奸猾狡诈、面目可憎的恶灵；它们有时候是上层社会的宠物，有时候又化身成人们炫耀品位和财富的工具。但更多的时候，猫是值得宠爱的小东西，是世俗生活里最低成本的治愈精灵。

　　中国古代有没有猫？

　　一直到清代的时候，不少人还认为，猫是从唐代才开始有的，而且猫不是中国的"土特产"，是舶来品——他们认为所有的猫都来自古印度。

清代人的爱猫笔记《猫乘》中有这样一段话："中国无猫，种出于西方天竺国，不受中国之气。释氏因鼠咬坏佛经，故畜之。唐三藏往西方取经，带归养之，乃遗种也。"

中国古人——尤其是文人们确信，猫是从天竺国来的，原因很直接，当年玄奘法师西天取经，千辛万苦背回来不少经文，在那个没有复印机也没有移动硬盘的时代，背回来这么多真经可要小心翼翼地保存。但千防万防，毛贼难防，老鼠是这些经卷肉眼可见的天敌。所以同欧洲修道院中的猫及中东清真寺中的猫一样，中国猫也和寺院结下了不解之缘。

不过实际上，作为低调的爱猫之国，中国人和猫的历史比我们想象中的要更加源远流长。

和古埃及一样，同样是以农业立国的古代中国，也祭祀和猫有关的神灵，感谢它们护谷有功。祭猫的礼制延续了一千多年，直到唐宋之际，历任皇帝还肩负着祭猫的职责[1]。

在古书当中，猫有时候叫"猫"，有时候叫"狸"。先秦思想家韩非子在他的书中提到，真正好的社会制度，就是像公鸡打鸣一样规律，像狸捉老鼠一样敬业[2]。

---

[1] 原文出自《旧唐书》。
[2] 原文出自《韩非子》。

"狸"指能捕鼠的猫科动物[1]，后来也指被驯化的家猫或者宠物猫。在文献中"狸"和"猫"存在着一定程度的混用，都可以用于指代家猫，也都指代过豹猫、野猫等中小型猫科动物。而猫在文献中还有个别名，就是"狸奴"。

过去一般认为，中国的家猫是2000多年前由欧洲大陆传来的，而中国本土本来并没有猫。但最近几十年来，中国的考古发现频频证明，早在学界所公认的这个时间节点之前，生活在中国这片土地上的先人们，就已经有了和猫生活在一起的证据。

该结论源于一次重要的考古发现。

根据最新的考古成果，家猫在中国出现的时间，远比我们想象的要长很多。1958年，为配合黄河三门峡水库修建工程，北京大学历史系考古专业的专家们对陕西泉护村进行考古发掘。随后，在1997年和2003年对泉护村先后进行三次考古发掘之后，这个华山脚下平平无奇的小村落，因为重大的考古发现而扬名考古学界。

---

[1] 中国古书中，存在"狸"和"猫"混用的情况。有些学认为，"狸"就是野生的猫，"猫"就是家养的猫；还有学者认为，"狸"是尖脸的猫，"猫"是圆脸的猫。这些说法都能够找到文献依据作为支持，但是，从整体的中国古代文献来看，这些说法都不具有压倒性的普遍意义。所以现在学界对于"猫"和"狸"的用法，一般都认为存在混用的情况，都可以指家猫，也都指代过豹猫、野猫等猫科动物。

考古学家发现，在遗址周围常常可以找到啮齿类动物的洞穴。为了防止鼠患，泉护村的先民们发明了一种专门用来存放粮食的陶瓮，这种陶瓮底部小到不能再小，但是敞口却非常宽大，这让陶瓮侧面的倾斜度非常大。考古学家认为，这种陶瓮不仅有储存粮食的功能，而且设计出如此大的倾斜度，就是希望这种奇特的造型让老鼠难以攀爬[1]。

同时，在遗址中还发现了苍鹰、雕、猫头鹰等猛禽的骨骼，这些猛禽多是捕鼠能手[2]。而和其他在泉护村遗址中发现的动物骨骼不同的是，猫和这些猛禽身上都没有任何人为穿孔或者打磨的痕迹[3]，这说明早在5000多年前，我们的祖先已经开始尊重这些捕鼠的生灵了。而这也成为猫和中国祖先相伴共生最早的考古学证据，有非常重要的意义[4]。或许我们可以大胆推断，中国本土有猫，猫的驯化可能发生在世界上几个不同的地区，中国的猫并非完全由西方传来。

在对这只猫进行同位素分析之后，研究者发现，它的体内

---

[1] 期刊文章《猫、鼠与人类的定居生活——从泉护村遗址出土的猫骨谈起》，《考古与文物》，2010年第1期。

[2] 期刊文章《陕西华县泉护村遗址发现的全新世猛禽类及其意义》，《地质通报》，2009年6期。

[3] 期刊文章《猫、鼠与人类的定居生活——从泉护村遗址出土的猫骨谈起》，《考古与文物》，2010年第1期。

[4] 期刊文章《驯化过程中猫与人共生关系的最早证据》，《化石》，2014年第1期。

肉食比例比较低，而粟类的比例比较高，这意味着，它很可能是生活在人类聚居区周围的家猫，而且被古人喂养[1]。除此之外，在半坡遗址、大汶口遗址等，也都发现了类似的猫遗骸。

猫遗骸的考古发现并不能完全证明我们的祖先已经开始驯化家猫，但存在这样一种可能性——猫很早以前就出现在中国人的生活中。

到了汉代，猫变得更加活跃，现在我们已经能够非常容易地找到猫潜伏在中国人身边的蛛丝马迹。

2002 年，中国社会科学院考古研究所汉长安城工作队在汉长安城城墙西南角遗址地层中发现了汉代家猫遗骸。研究者测算发现，这只家猫的体格比一般的野猫要偏大一些，这显现出它在距今 2000 多年前的汉代生活的时候，过得很滋润。跟那些寻寻觅觅找寻食物的野猫相比，它有着丰富的食物来源，这意味着它很可能是被人们当成宠物来喂养的[2]。

除此之外，甘肃武威也发掘出了汉代的木猫。在这个汉代

---

[1] 期刊文章《驯化过程中猫与人共生关系的最早证据》，《化石》，2014 年第 1 期。
[2] 期刊文章《西安汉长安城城墙西南角遗址出土动物骨骼研究报告》，《文博》，2006 年第 5 期。

墓葬群里面，猫作为一种图腾或者艺术品出现。甘肃武威身处丝绸之路的必经之地，或许有一部分被古埃及人驯化的家猫，在被带出古埃及之后，顺着丝绸之路，千里迢迢东渡到了中国，开启了它们在这个古老东方国度的奇幻漂流[1]。

除了在西北出没，湖南也有了汉代猫的身影。1972—1974年，考古工作者先后在湖南省长沙市东郊马王堆发掘了三座汉墓。2016年6月，马王堆汉墓被评为世界十大古墓稀世珍宝之一。马王堆汉墓是西汉初期的长沙国丞相利苍的家族墓地，其中出土了大量的珍宝。而对于爱猫人士来说，最激动人心的不是其中保存完好的女尸，也不是薄如蝉翼的羽衣，而是在这座震撼世人的贵族墓葬中，发现了猫的踪迹。

这些猫被画在漆食盘上，它们身上都有鲭鱼纹——最早的家猫身上都是这种纹路。这些精美的餐具上总共画了100多只猫，而且形态各异，没有两只猫是一模一样的——有的猫看起来养尊处优，有的猫看起来野性十足。

汉代人很喜欢狗，贵族会饲养名犬，但是普通人也会吃狗肉。鸿门宴中的樊哙，就是一个"屠狗之辈"。跟汉代的狗相比，猫则尊贵许多。其中很可能的原因，就是猫在当时还比较

---

[1] 期刊文章《东方朔"跛猫""捕鼠"说的意义》,《南都学坛（人文社会科学学报）》，2016第1期。

稀少，物以稀为贵。

在汉代之前，猫在中国古人的生活中并不是十分常见。而从墓葬当中的猫遗骸或者猫装饰、猫纹路中我们可以推测，猫是稀有的，因此只有像长沙王丞相利苍这样的贵族，才能够享受猫的陪伴和护佑。而对于当时最早一批和猫有亲密接触的中国贵族来说，他们和猫的联系更是在精神层面的——猫不仅仅是温馨的宠物，更是神秘、吉祥的瑞兽。

这些墓葬里猫的踪迹如同中国祖先同猫关系的缩影，人们和猫保持着若即若离的关系，既不像宗教笼罩下的中世纪欧洲那样对猫歪曲仇恨，也没有对猫过分依赖溺爱。

猫，在漫长的历史长河中，游走于中华文明的边缘地带，不近不远，却意义重大。

首先，中国古人喜欢训练狗去抓老鼠，但自从猫开始进入平常人家的生活之后，古人用狗来捕鼠就越来越少 [1]。猫在中国最开始也是最具实用性的动物之一，对于中国人来说，捕鼠是猫存在的价值所在，几乎各个阶层都有求于猫的这种"神力"。中国以农业立国，猫捕鼠，间接保护了粮食。

其次，在很长一段时间内，书籍都是奢侈品。对于文人来

---

[1] 期刊文章《三台郪江崖墓"狗咬耗子"图像再解读》，《四川文物》，2008 年第 6 期。

说，猫可以保护他们的书架免于鼠患。

还有一个重要的理由便是，从西汉开始，光滑柔美的丝绸不仅是中国的特产，更成为享誉世界的奢侈品。制造丝绸的原料包括蚕丝等，这些原料很容易受到老鼠的啃噬，所以也需要猫的保护。毕竟，丝绸有着无可比拟的经济价值，老鼠啃的不只是一种物品，而是真金白银，因此，猫的守护就显得格外重要。

最后，人们养猫还有一个很重要的原因，猫不但能守护人们现实的生活，还是墓葬的守护神。中国人向来有"视死如生"的生死观，死亡不过是在另外一个世界延续生命。很多贵族活着的时候就开始建造陵墓，死后他们的墓中会放置大量的陪葬品，也会让人对他们的尸体进行特别的处理，期望能够尸身不腐，在另外一个世界延续富贵荣华。不过，一个不容忽视的事实是，墓葬里潮湿的环境，贵族的尸体，还有大量殉葬的人和动物，这些都很容易成为滋生老鼠的沃土。

想到老鼠跑到墓穴里作威作福，想到自己的肉身可能会被老鼠啃食，灵魂不得安宁，这些贵族当然不会坐视不管。中国古人一度认为，在墓葬中出没的老鼠是妖怪变的。而猫能够将老鼠消灭，那就意味着猫有降妖除魔的本事[1]，能护佑着墓主人平安抵达来世。

就这样，猫摇身一变，从阳间的捕鼠小能手，变成了阴间当之无愧的灵魂摆渡者。

---

[1] 期刊文章《三台郪江崖墓"狗咬耗子"图像再解读》，《四川文物》，2008 年第 6 期。

日本人为什么爱猫？来大唐找答案吧

在唐代，猫不仅非常普遍，而且也成为文化软实力的重要象征。

日本是如今举世闻名的爱猫之国，日本人在文献中记载，日本原来没有猫，第一只猫是从唐国"进口"过去的："昔武州金泽文库自唐国取书而纳之，为防船中之鼠，则养唐猫也——谓之金泽之唐猫，皆称名物也。"

所谓"西有罗马，东有长安"，上文中所说的唐国，就是繁荣绮丽的中国大唐。

汉代时，猫还是贵族家中物以稀为贵的珍品，而到了唐代，在宫廷中、长安城的贵人家中，常常可以看到猫在人们身边嬉戏的身影。

不过对于刚刚有猫的日本人来说，唐猫是远渡重洋而来的奢侈品，只有顶级贵族才有资格拥有和赏玩。当时的宇多天皇就有幸得到了一只唐猫，这只猫是他的父亲送给他的。这只猫毛色漆黑如墨，高贵冷傲。于是，年纪轻轻就有猫的宇多天皇成了日本历史上最早被人熟知的"猫奴天皇"。

他精心照顾这只黑猫，它的吃穿用度都是最好的，而且嘱咐下人说，必须给这猫喂牛奶。对于平安时代普遍禁食肉类的日本贵族来说，牛奶是最重要的营养来源，也就是说，宇多天皇给了猫顶级贵族一般的待遇，可见他对猫的宠爱程度[1]。

从宇多天皇之后，唐猫逐渐成为日本贵族秘而不宣的宠物，于是衍生了日本贵族的"炫富"新方式：我有一只唐猫！

因为唐猫实在名贵不易得，所以当时的达官贵人养猫时，一般都会在猫的脖子上拴上猫绳，有点类似于现在的遛猫绳或者牵引绳，主要是为了防止猫一不小心走丢。日本的著名文学作品《枕草子》中记载了生长在深宅大院中的唐猫迷人的身影，同时我们也能看出，这个时代的日本猫确实是要拴着绳子的，而且都有自己的名字："夏天挂着帽额鲜明的帘子外边，在勾栏的近旁，有很是可爱的猫，戴着红的项圈，挂着白的记

---

[1] 图书《猫狗说的人类文明史》，悦知文化，2019 年版。

着名字的牌子，拖着索子，且走且玩耍，也是很美的。"

其实早在猫出现在日本贵族家中之前，他们已经同狗有很亲密的关系，宫中有专门的机构饲养狗，巡狩、打猎的时候，狗也经常作为优秀的帮手常伴君王左右。尽管如此，有十八般武艺的狗也常常不敌新受宠的猫。《枕草子》中描绘了一只名叫"翁丸"的狗，因为受人驱使要去咬天皇的御猫。天皇得知之后非常生气，下令殴打这只不知天高地厚的狗，并将其远远流放。

除了捕鼠这个技能，唐猫还被赋予了灵性、神秘的色彩。

唐代笔记小说《酉阳杂俎》就描述了一个和猫有关的因果报应故事。

唐宪宗元和年间，首都长安有不少纨绔子弟。他们自我、暴躁，目中无人。其中一个富家子弟，叫作李和子，跟那些喜欢炫富的纨绔子弟稍有不同，那就是他不仅狂，而且坏。

他的坏让长安城的老百姓都觉得毛骨悚然。他有个让人难以接受的癖好——爱吃猫。在集市上、大街上，不管是有主的猫还是无主的猫，只要是入了他的眼，他就会将其逮走饱餐一顿。

这是李和子人生当中普通的一天，他和往常一样，梳了头，粉了面，大摇大摆地出街了，他腰间挂着美玉，胳膊上架着凶猛的鹞鹰，在长安城的大街上招摇过市。

此时，有两个衣冠楚楚的紫衣人拦住了他的去路。

"你是不是叫李和子，你爸是不是李努眼？"紫衣人问。

"正是。"李和子点了点头。

紫衣人从怀中掏出厚厚一沓纸，递给李和子。这像是什么官方文件，上面的红印湿淋淋的，像是血迹未干。

李和子再仔细一看——在这个长安城和煦的春日里，他浑身发冷，仿佛置身寒冷的冰窖。

"见其姓名，分明为猫犬四百六十头论诉事。"这是曾经被他虐杀、烹煮的四百六十只猫狗递给地狱法庭的诉状，控诉他用极其残忍的手段杀害了自己，而且要地狱法庭主持公道，趁早让李和子拿命来偿。

李和子吓坏了，"扑通"给两位紫衣人跪下，央求带他们去喝酒小坐。傍晚的旗亭杜，人声鼎沸，觥筹交错。店小二见平日里飞扬跋扈的李和子猫腰弓背地走进来，已经很稀奇，更稀奇的是明明只有李和子一个人喝酒，却足足要了九碗，嘴里还一直默默念叨："烹猫杀狗我罪该万死……"

鬼开口了："既然你请我们吃饭，我们自然要网开一面。你去凑四十万冥币，明天中午之前烧来，保你续命三年。"

第二天，李和子把冥币悉数焚烧，鬼化成一阵紫烟飘散而去。三天后的夜晚，李和子暴毙——人与猫狗的恩怨戛然而止。

鬼许诺的不是三年吗，怎么变成三天了？没错，因为地下三年，就是地上三天[1]。

人类的想象力是诡谲的，但是在这些奇异故事背后，是不是在说，连鬼尚且有人情的余温，而那些烹猫煮狗却内心毫无波澜的人，那些表面上光鲜亮丽，实际上内心已经被欲念疯狂啃噬的人，根本就配不上这个有猫的有情世界？

这并不是真实的历史故事，但确实是当时的人们真实心态的投射。猫在中国文人的笔下艳丽、浓郁、妖娆，史书中记载过这样的故事：山右富人养了一只猫，它的眼睛是金灿灿的，像琥珀一样；它的爪子像青石一般，令老鼠丧胆；它的头顶有一点红色，像如血的残阳；它的尾巴漆黑发亮，背毛雪白无比，虎虎生风，贵不可言。很多人都看上了这只猫，有人拿骏马跟他换，他不换；有人用家中的娇妻来换，他更不换；还有人要重金买下这只猫，这个富人丝毫不为所动。有盗贼听说他家有一只千金不换的灵猫，半夜来家里偷盗，他迫不得已带着猫出逃。他逃到一个大户人家，人家还是相中了这只猫。

---

[1] 原文出自《酉阳杂俎》。

不论大户人家的主人哼哼唧唧、软磨硬泡也好，言语恐吓、威逼利诱也好，这个富人始终不为所动。

于是主人使了个诈，既然好言相劝你不愿意给我，那你死了猫总能归我了吧。于是他设宴请富人喝酒，富人正要举起酒杯，他的猫凑上前去嗅了嗅，一爪子就把酒杯掀翻了。

"小猫淘气，我再为兄台斟上一杯便是。"主人清了清嗓子，用宽大的袖子擦拭一下额上的汗珠，再把富人面前的酒杯添满。谁知道，猫又把酒杯推翻了，酒香四溢。如是三次，山右富人似乎也察觉到了什么。

山右富人装作云淡风轻般施礼离席，然后偷偷地抱着猫，迅速消失在苍茫的夜色中。一灯如豆，只留下暴怒的主人大发雷霆，气急败坏。

原来，那收留他们的主人先前倒的是三杯毒酒，猫察觉到异样，三次飞身救主。

故事的最后，仓皇出逃的山右富人失足溺水，猫也追随主人而去。人们为了纪念他们，将人和猫埋在一处 [1]。

原来早在多年以前，我们那洞悉一切的老祖宗就在用这种方式含蓄地提醒我们：善待猫咪，有机会它们一定会报答你。

---

[1] 原文出自《猫苑》。

3

千古谜案：武则天为什么下令宫中不得养猫

公元 655 年，永徽六年十月，大唐皇宫内风云诡谲，人心惶惶。

武后的一纸禁令掷地有声：宫中不得畜猫。

此时的武则天刚刚过了而立之年，这也是她成为皇后的第一年。

而武则天成为皇后的道路并不平顺，她铲除了自己的两大对手——王皇后和萧淑妃。

在这场腥风血雨的斗争之前，武则天只是一位得宠的昭仪。据《新唐书》记载，武则天先是亲手闷死了自己的亲生女儿，栽赃陷害这是王皇后所为，之后又称王皇后和萧淑妃热衷巫蛊，心术不正。很快，王皇后二人便被废为庶人，囚禁别院，最后二人被施以"骨醉"的酷刑，惨死宫中。

王皇后得知自己被废的消息，并无过多怨言，反而展现出惊人的大度："死是吾分也！"而在宫斗中败下阵来的萧淑妃对武则天大声咒骂："愿阿武为老鼠，吾作猫儿，生生扼其喉！"——我死之后，要变成猫，武氏为老鼠，生生世世折磨她。

萧淑妃最后的狠话被记录进《旧唐书》中，看来确实是如愿以偿地吓到了武则天，搅得这位自诩有一颗强大心脏的新任皇后心绪不宁，疑神疑鬼，更是在梦中经常见到两位对手的鬼魂，史书记载为"披发沥血"，死状可怖。

这就是中国历史上有名的"武则天畏猫"，从此唐宫中不许养猫，似乎也变得合情合理。

武则天究竟在怕什么呢？

有人认为，她怕的是"猫鬼"。

什么是猫鬼？和欧洲一样，中国也有有关妖猫的传闻和故事。而猫鬼就是巫师所养的猫："猫鬼者，云是老狸野物之类，变为鬼蜮，而依附于人，人畜事之，犹如事蛊以毒害人，其病状，心腹刺痛，食人腑脏，吐血痢血而死。"

人被猫鬼附身之后就会染病，染病后心腹剧痛，最后吐血而死，而猫鬼杀人之后，最大的神通便是可以正大光明地去转移死者的钱财。隋唐时期朝廷还接到过地方的诉讼案，有平民报官称自己的母亲突发疾病暴毙，是被猫鬼所害。隋文帝的爱妻独孤皇后的弟弟独孤陀就长期侍奉猫鬼，而猫鬼受人驱使，通过令独孤皇后等人生病的方式，转移巨额财富到独孤陀家，后来事情败露，隋朝的大理寺官员令作法之人将猫鬼赶出皇宫，这才了结了一桩奇案。

而武则天在梦中所看到的那些披发沥血的鬼魂，更像是人而不是猫鬼，所以她不太可能是因为害怕猫鬼而禁了宫中所有的猫。

比较能够说通的理由是，她确实在宫斗中对王皇后和萧淑妃施了酷刑，也确实加了一些莫须有的罪名在二位身上，所以良心不安，对萧淑妃的诅咒更是保持着"宁可信其有，不可信其无"的谨慎态度。

但是《资治通鉴》又记载，到了长寿元年也就是 692 年时：

"太后习猫，使与鹦鹉共处，出示百官。传观未遍，猫饥，搏鹦鹉食之，太后甚惭。"

武则天训练猫小有成就，能让猫和鹦鹉和谐共处，于是便请百官来观看。观看还没有结束，猫饿了，就捉住鹦鹉吃掉了，武则天觉得很尴尬。

此时武则天已经称帝两年，距离之前的养猫禁令已经过去了将近 40 年之久，从禁猫到训猫，武则天对猫的心态也发生了微妙的变化。

而另外一种动物鹦鹉则扮演着重要的角色。

武周时期，不少动物的形象往往和政权、宗教相联系，鹦鹉是"武"姓的谐音，而不少佛教经典都有明确记载，菩萨曾经是鹦鹉王，所以鹦鹉不仅可以被认为是武则天的化身，还可以进一步被暗示为武则天本人就是佛的化身。武周时期曾多次接收域外进贡的禽鸟，而其中最受青睐的便是五色鹦鹉。鹦鹉不仅聪明能通人性，而且还是很多佛教故事中能普济众生的主角：有次山林中起火，鹦鹉为了保护众生，沾湿自己的羽毛去扑灭山火，是仁爱和善良的化身。

而猫又称"狸"，"狸"和唐代国姓"李"是谐音，可以代表李唐宗室，所以武则天称帝之后，驯养猫和鹦鹉一同吃饭、玩耍，就是有意调和武姓女王和原来的李姓王朝的矛盾，意为是既然猫和鹦鹉可以和谐共处，那女王君临天下也是一件可喜可贺的事情。

虽然有学者认为，武则天的猫既然和鹦鹉有不短的相处时间，那当众把猫吃掉的可能性并不是很大。不过这从另一个侧面也说明，在政治斗争中激荡多年的武则天已经练就了强大的心理素质，因为诅咒或者是"不祥"就禁止养猫的时代，一去不复返了。此时的唐猫不仅是人类捕猎的工具，还是供宫廷消遣的好玩物。

而从唐到宋，整个社会的风气即将发生巨大的变化，就如法国学者谢和耐所言，从唐至宋，"一个尚武、好战、坚固和组织严明的社会，已经为另一个活泼、重商、享乐和腐化的社会所取代了。"[1]

《山海经》说："又北四十里，曰霍山，其木多穀。有兽焉，其状如狸，而白尾有鬣，名曰胐胐，养之可以已忧。"胐胐是《山海经》中的宠物，有人说是狸，有人说是猫。

养猫干吗呢？中国古人看得很透彻：养之以解忧。

---

[1] 图书《蒙元入侵前夜的中国日常生活》，江苏人民出版社，1995 年版。

（4）

宋朝人吸猫能有多风雅

吸猫，本来是网络时代才出现的新鲜词，指的是一群人抵挡不住猫咪的可爱，对猫咪摸摸、挠挠，甚至是把它们抱起来，把鼻子埋进它们柔软的绒毛里使劲嗅一嗅的行为，就像上瘾一样。引申为对猫咪不能自已、无法自拔的喜爱。

吸猫虽然是个现代词，但是这种上瘾般的行为，早在宋朝就已经有了。

2003 年，考古人员在河南省登封市高村发现了一座宋朝壁画墓葬，在壁画中一个不太引人注意的角落，考古学家惊喜地发现了一只猫 [1]。

这是一个富有平民的墓葬，壁画中的猫有奶牛状黑白相

---

[1] 期刊文章《狸奴小影——试论宋代墓葬壁画中的猫》，《美术学报》，2016 年第 1 期。

间的花纹，脖子上系着红色带子，眼睛炯炯有神地盯着前方[1]。

在宋朝以前的中国墓葬壁画中，狗、羊、鸡等家畜已经开始频繁出现，但是猫作为墓葬的装饰图像是从宋朝开始的。中国古人一直有"视死如生"的丧葬观，墓葬中的壁画也是生前生活的一种体现。所以由此可以看出，宠物猫彼时已经深入人心，当时已经有了这样一支庞大的吸猫大军，上至达官贵人，下至平民百姓，都沉迷于猫咪的魅力无法自拔。

如果说是5300年前陕西泉护村出现了中国祖先驯化家猫的证据，那在800多年前，没有一只猫能逃得过宋朝人的宠爱。

宋朝是一个充满争议的时代，有人说宋朝是中国历史上最好的时代，也有人说宋朝是最差的时代。一方面，官场贪腐，政治污浊，战乱频仍。另一方面，经济较为发达，人们追求精致生活，呈现出一种冲突感。

而宠物猫的大规模流行，就是宋朝另类精致的冰山一角。

在宋朝，猫咪是万金油一般的存在，它能捕鼠，能看家，能卖萌，还能为老百姓选出真正的明君。

公元1132年，膝下无子的宋高宗赵构决定把皇位继承人

---

[1] 期刊文章《登封高村壁画墓清理简报》，《中原文物》，2004年第5期。

早日确定下来。很快,他选出了两位候选人。这两个孩子一胖一瘦,胖孩子聪明睿智,瘦孩子儒雅俊秀。宋高宗本来决定把瘦孩子打发回家,留下胖孩子。这个瘦一点的孩子还没走出宫门,又被人叫了回去,原来是宋高宗还没下定决心,想再看看他俩。一胖一瘦两个孩子叉手站好,这时,一只猫咪从两位候选人面前经过,那个胖一点的孩子嫌那只猫过于碍眼,就给了猫一脚,猫"喵呜"叫了一声,跳着跑开了。

这本来是个小插曲,但是却被见微知著的宋高宗看在眼里——这只猫咪只是偶然经过,又碍着你什么事了呢?对猫咪这样弱小的动物都没有仁心,日后还怎么能指望你善待天下苍生呢?

胖孩子并不会知道当朝皇帝在看到一只猫咪时有如此丰富的内心戏,他只需要知道的是,就是因为这多踢的一脚,宋高宗对他好感尽失。而那位被猫咪"神助攻"的天选之子,不仅在考察期结束之后顺利当上了太子,而且之后登上了皇位,他就是南宋为数不多的明君——孝宗皇帝[1]。

不得不说,这是一个很戏剧化的桥段,小说都不敢这么编。从这则趣事中我们也可以感受到,宋朝皇宫里的猫可不

---

[1] 原文出自《猫苑》。

算少。

猫咪如此多娇，引无数英雄竞折腰。很多人爱猫成痴，连皇宫里的帝王天子也不能免俗。

在没有网络的宋朝，如果没钱买猫，又想吸猫，就只能看猫画了。宋朝有一位以一己之力带动全民看猫画的人，就是宋徽宗。宋徽宗是一个失败的皇帝，却是一个成功的"文艺带货博主"。但凡是打着"宋徽宗周边""宋徽宗力荐"的文创产品，都是民众追捧的大爆款。

天天给猫画像的宋徽宗，尤其擅长画"猫蝶图"。因为"耄耋"和"猫蝶"谐音，有祈愿人健康长寿的寓意，所以一时间洛阳纸贵。宋徽宗的真迹当然不易得手，不过自从宋徽宗凭借一己之力把"猫蝶图"带火之后，民间的仿作层出不穷，花样翻新。因为不是出自正主之手，所以高仿的价格也不贵。因此，"猫蝶图"就凭借雅俗共赏的特质，跃居宋朝爆款商品第一名，是走亲访友送礼首选，尤其是对于囊中羞涩又想要吸猫的人来说，这更是一种最低成本的吸猫方式。

宋朝贵族生活精致，吸猫也追求完美。精致生活的表现之一就是信奉"无用之用，方为大用"。在宋朝的时候，人们已经开始思考猫的社会学意义，有了对"宠物猫"的初步认知。

早期，中国古人区分猫的方式比较简单粗暴，基本上就分为抓老鼠的猫和不能抓老鼠的猫。不能抓老鼠的猫就相当于现代的宠物猫，抓不抓得到老鼠无所谓，好看好吸就行。宋朝人不仅吸国产猫，还吸进口猫，主要是狮猫——有人说狮猫就是外国的波斯猫，也有人说狮猫是本土猫和波斯猫杂交的后代。总之，狮猫不同于常见的短毛狸花猫，这种猫长毛拖地，贵气逼人。而宋徽宗猫画中的猫，基本上都是稀有的长毛猫。

南宋猫奴陆游在他的《老学庵笔记》里面记载了这样一件事。秦桧的孙女崇国夫人养了一只临清狮子猫，毛长，眼睛大，不是很善于捕鼠，但是没关系，它主要胜在颜值高。

有一天，崇国夫人发现每天都缠在自己身边的猫居然不见了，她急得差点背过气去。

怎么办？找啊！

崇国夫人名字听起来老气，但在当时年纪并不大。她命人在府里面搜查，一无所获，再满城张贴告示，石沉大海。崇国夫人又急又气，让人在城内找，只要是狮猫都给我找出来，挨个排查！

找了一个多月，甚至让她爷爷秦桧动用了京城禁军，把临安城搅扰得天翻地覆，民众苦不堪言[1]。

---

[1] 原文出自《老学庵笔记》。

116

崇国夫人最后找到她的猫了吗？看陆游的口气，自然是没有找到。虽然同样身为猫奴，但是陆游字里行间对崇国夫人充满了鄙夷——呵呵，这个世界上太多人在假装爱猫了。

经过这一番折腾，一时间，临安猫贵。

宋朝人爱猫，因此极怕丢猫。但偏偏宋朝有一种可恶的职业——偷猫大盗。

这种职业并不光彩，但是来钱快、风险小，所以深受临安城内无业游民的青睐。他们偷猫的主要目的就是将其高价卖给富人。

在临安城的富人居住区，有一个衣着普通的人在巷弄口来回转悠。他又来偷猫了。

他看上了一只长毛狮猫，毛色黄白相间，贵气逼人。偷猫多年，他已经有了这种雷达，一眼就能看出哪些猫好出手，今天他看上的这种狮猫是达官贵人的心头爱[1]，如果能够倒手卖出去，一定能卖个好价钱。

和一般窃贼不同，宋朝的偷猫贼一般选择在白天行动，因为当时城中房屋院墙不高，猫又喜欢白天在外面溜达，所以非常好捕获。

---

[1] 原文出自《梦粱录》。

偷猫大盗有一身经典的装扮，就是无论他们衣着如何，是毫不起眼还是衣冠楚楚，他们都会带一个装着水的桶。

这天，他如愿以偿地得手了一只狮猫，但是问题来了，猫的警觉性很强，被陌生人触碰侵犯之后，一般都会发出凄厉的叫声。

他娴熟地将猫放进桶中，在它发出叫声之前迅速把桶中的水浇在猫身上。宋朝偷猫人已经对猫的生活习性很了解，因为猫爱干净，所以它身上被弄湿了之后，就会不断用舌头去舔，不舔干净不罢休，自然就顾不上大声呼叫。

于是，一只名贵的猫就这样神不知鬼不觉地被盗走了[1]。

---

[1] 原文出自《桯史》。

南宋临安（今浙江省杭州市）的长毛猫和偷猫大盗

119

⑤

我与狸奴不出门：没有一只猫能逃得过宋朝文人的宠爱

说到宋朝的吸猫大军，必须提到宋朝的文人。别看这些人表面上庄重自持，实际上他们回到家之后就开始吸猫。不仅吸猫，而且还写诗。如果宋朝文人有朋友圈的话，他们一定是天天"刷屏"发猫的那种人。

"高眠永日长相对，更约冬裘共足温。"[1] 在那个没有暖气的年代，这个宋朝猫奴养了一只猫，冬天的时候猫咪经常钻到被窝里和他一同入眠，让他感觉很温馨。这首诗的作者并不是一个普通的文人，他官至北宋宰相，名叫张商英。

宰相都带头吸猫了，可见猫在传统文人心目中的地位如

---

[1] 原文出自《猫》。

何。苏轼也写过关于猫的诗，净说些大实话："得谷鹅初饱，亡猫鼠益丰。"可不是，猫少了，老鼠自然就多了。

苏轼是黄庭坚的老师。黄庭坚在书法上位列"宋四家"之一，在诗歌上开创了江西诗派，作词水平也是一流，和知名诗人秦观并称"秦七黄九"。从仕途上来讲，黄庭坚属于高开低走，一直是人在"贬途"，官运惨淡。但从才华上来讲，他是大宋顶级文艺青年，而且还是宋朝养猫届"以领养代替购买"的先锋人物——黄庭坚的猫不是买来的，而是换来的。那在宋朝买一只猫是不是很困难？有人的地方就有生意，宋朝庞大的吸猫人群，已经催生了中国最早的宠物市场。

据史料记载，北宋都城汴梁的宠物市场中有专门卖猫的猫舍[1]，而且生意相当红火。南宋临安城内不仅有猫舍，猫奴们还可以买到猫粮、猫鱼等用品[2]，还有专门的猫咪美容美发店。不差钱的人家可以去找人给自家的猫美容，换个毛色，换个心情——虽然给猫改色之类的美容不值得提倡，但我们不能拿现代的眼光去苛责古人，这也从一个侧面说明当时猫主子的生活已经相当优厚。不仅如此，如果你长时间出门，猫咪无人看管，还可以享受宠物寄养服务，有专人负责猫咪饮食，

[1] 原文出自《东京梦华录》。
[2] 原文出自《武林旧事》。

北宋汴梁（今河南省开封市）繁华的宠物市场

还能帮忙撸猫，防止猫咪过于思念主人，精神抑郁[1]。

在宋朝，可见买只猫不算难事。但是黄庭坚给我们做了一个很好的示范，他领养猫，而且还用亲身经历告诉我们，在宋朝领养猫是需要门槛的。这个门槛不完全关乎金钱，最重要的是一颗红彤彤的诚心。老猫去世后，黄庭坚听说友人家的猫生崽了，就用柳枝穿着小鱼干去接猫，这叫作"聘猫"[2]。聘猫和今天的领养猫有异曲同工之妙，小鱼干或许并不费多少钱，主要是为了杜绝坏人；同时，原主人看到新主人有养猫的诚意，小狸奴的后半生有吃有喝有人爱，也就放心了。

苏轼的另外一个弟子曾几也是猫奴。曾几是陆游的老师，陆游的爷爷陆佃也是猫奴，而且属于吸猫吸出来学问的那种。

陆佃写了一本书，名叫《埤雅》。在这本书里，他提到了"猫"这个字的来历，为什么叫"猫"呢？"猫"这个字从"苗"，意思是猫就是为了守护人类的粮食而生的[3]。

宋朝文人的风雅爱好很多，怎么挑一只好猫也有讲究。陆佃就说了，猫的颜色挺多，有姜黄色的橘猫，有黑猫、白猫，还有狸花猫。选猫不能只看花色，真正懂行的人要会看品相。

---

[1] 原文出自《东京梦华录》。

[2] 原文出自《乞猫》。

[3] 原文出自《埤雅》。

毛发要柔软，但牙齿要锋利，腰要长，尾巴要短。[1]

有如此家学渊源，宋朝最有名的文人猫奴诞生了，就是陆游。

我们都知道陆游是个爱国诗人，但很少人知道他也是个爱猫诗人。我们的课本上收录了陆游那首著名的《十一月四日风雨大作》，诗曰："僵卧孤村不自哀，尚思为国戍轮台。夜阑卧听风吹雨，铁马冰河入梦来。"但我们可能没留意到的是，《十一月四日风雨大作》是组诗，我们学的是"其二"，还有一首"其一"：

> 风卷江湖雨暗村，四山声作海涛翻。
> 溪柴火软蛮毡暖，我与狸奴不出门。

在风雨交加、雷电大作的一天，文思如泉涌的大诗人陆游一边吸猫，一边写下千古名篇———副残躯，满腹经纶，却报国无门。怎么办呢？宅着吸猫吧。

和很多宋朝普通人一样，陆游开始养猫的时候，也只有一个功利的目的，就是帮他捉老鼠。他的藏书很多，老鼠经常来

---

[1] 原文出自《埤雅》。

捣乱，被鼠患逼得走投无路的陆游，决定养一只猫。

和用柳枝串小鱼干的黄庭坚不同，陆游用的是盐来做聘礼[1]，因为在吴音当中，"盐"和"缘"发音相近，寓意也很吉利。他给请回来的这只小猫起了一个很霸气的名字，叫小於菟，就是小老虎的意思。小老虎也很争气，书房里里外外的老鼠很快就被它捉了个一干二净。陆游很高兴，怎么夸夸自己能干的小猫咪呢？于是他写了一首诗来赞美它：

> 盐裹聘狸奴，常看戏座隅。
>
> 时时醉薄荷，夜夜占氍毹。
>
> 鼠穴功方列，鱼餐赏岂无。
>
> 仍当立名字，唤作小於菟。

初次当"铲屎官"的陆游，对猫的理解还停留在"能捕鼠"这个表面的技能点上。

随后陆游又养了好几只猫，他慢慢发现，原来并不是所有的猫都为捕鼠操碎了心，这世界上还有另外一种猫，就是

---

[1] 原文出自《赠猫》。

压根不捕鼠的猫[1]。不仅如此，还有既不捕鼠，还能每天睡得昏天黑地、心安理得的猫[2]。对自己爱答不理就罢了，摸一下总可以吧，可惜这请回来的主子既不恋家，也不黏人，让陆游挫败了好长时间[3]。为了引起猫的注意，陆游还给猫搞了一点猫薄荷，发现猫主子确实很喜欢，吸完猫薄荷之后就占着他的床睡觉去了[4]。文人吸猫上瘾，猫吸猫薄荷上瘾。

猫就是这样，吃你的，住你的，用你的，但是还不听你的。

多么痛的领悟。

那怎么办呢？像一部分现代人那样，一言不合就把高冷的猫扫地出门吗？陆游并没有。

"勿生孤寂念，道伴大狸奴"，800多年前那个凄风苦雨之夜，陆游怀里一定有一只沉甸甸的大猫。

"一日吸猫，终身成瘾"，养猫多年之后，陆游甚至开始患得患失起来。被贬官之后，陆游买不起可口的猫粮，也买不起小鱼干，他心急如焚，整天担心猫咪会离家出走。怎么办呢？只好写诗乞求上天，希望猫主子不要嫌弃家贫，不要弃他而去。

---

[1] 原文出自《嘲畜猫》。
[2] 原文出自《二感》。
[3] 原文出自《赠猫》。
[4] 原文出自《得猫于近村以雪儿名之戏为作诗》。

陆游对猫很温柔，但他本人很热血。表面上看陆游是在吸猫，其实他心里充满了对国家前途命运的忧愁，他一直有个杀敌报国的梦。在宋金问题上，陆游是主战派。而他屡次被贬的重要原因就是主张跟金国打仗，皇帝给他扣了个挑唆战争、破坏和平的帽子，把他打发走了。陆游有点像南宋的堂吉诃德，明知不可为而为之。他内心世界的苦，梁启超先生看得透彻："恨杀南朝道学盛，缚将奇士作诗人。"

崇文抑武的南宋，把陆游这样一个热血男儿生生逼成了闭门不出的诗人。这是陆游的悲哀，也是南宋的悲哀。

陆游的爱国情怀还在延续。他的后代陆秀夫，在崖山海战中背负年幼的皇帝跳海自尽，南宋灭亡。他避免了皇帝被俘的奇耻大辱，保存了南宋的最后一点颜面。陆秀夫本人因为孤胆忠义被记载在《宋史》中[1]。

作为中国历史上最高产的诗人之一，陆游留下了几千首诗作，其中猫诗的数量非常可观。

其实陆游开始养猫的时间比较晚，史料研究普遍认为应该在中年以后。但是陆游高寿，他创作的猫诗总数能在宋朝文人中拔得头筹。从 40 多岁开始养猫到 80 多岁去世，陆游和猫

---

[1] 原文出自《宋史》。

相知相伴了近半个世纪的时间。有资料显示，汉朝人平均寿命为22岁，唐朝人平均寿命为27岁，即便是在富足繁荣的宋朝，人均寿命也只有30岁。

或许长寿老人陆游可以悄悄告诉我们他的长寿秘诀：要想活到九十九，每天吸猫一大口。

（6）

大明皇帝：我见过的人越多，越喜欢猫

　　1560 年，明朝第十一位皇帝嘉靖朱厚熜深爱的"霜眉"死了。

　　这位早已过了天命之年的老皇帝悲痛欲绝，下令厚葬"霜眉"。这一天，紫禁城内乌云密布，乌鸦低飞，魂幡飞扬，哀声不绝，空气中弥散着悲伤又诡异的气息。

　　朝廷重臣们长跪不起，直言进谏说不必如此厚葬"霜眉"，而皇帝身边的太监小心翼翼地观察着皇帝的脸色，同时指挥那些声称能够通灵的道士，让他们将超度"霜眉"的咒语念得响亮些，再响亮些。

　　嘉靖皇帝昏花的两眼直泛泪，他强忍着不让眼泪掉下来，他斜睨了一眼呼天喊地的大臣——

明朝嘉靖皇帝朱厚熜下令金棺葬猫

当了皇帝这么多年，什么样的"人精"他没见过，他偏不听。

不仅不听，他还冷冷地吐出几个字："朕要金棺葬猫。"

对，你没听错，这死去的"霜眉"并不是皇帝身边鞍前马后的忠臣，也不是和皇帝心心相印的爱妃，而是一只猫。

明朝的宫中养猫到了登峰造极的地步，而且有专门养猫的机构，叫作猫儿房。最多的时候有三四十个太监一起帮皇上养猫，带薪撸猫，这是不少爱猫人梦寐以求的事。"霜眉"这只猫就是猫儿房给皇帝挑选的。

其实明朝的宫中养猫，并不是为了让其陪伴或治愈皇帝，一开始的用意是让皇子们跟着猫咪学习男女之事，以便日后为大明延续香火[1]。

皇子们喜不喜欢猫，这不是关键，关键在于，皇帝是猫奴。

嘉靖皇帝信奉道教，痴迷于神仙方术。作为一个偶然得到皇位的人，他对命运的不确定性有着更深的体悟，因此他希望在道教思想中找到自己承继大统、成为真龙天子的隐秘缘由。皇帝这个级别的信徒，并不仅仅是读读《道德经》或拜拜太

[1] 原文出自《禁御秘闻》。

131

上老君这么简单。嘉靖皇帝主要的修炼方式有两种，一种是炼丹，另外一种就是斋醮。炼丹是为了长生不老、得道升仙，而斋醮的目的则是求神问卜，与上天沟通。

电视剧《大明王朝 1566》用戏剧化的手法铺陈了嘉靖皇帝对于炼丹有多么狂热，他甚至把炼丹的实验室搬到了自己的卧室里，经常和"有道高人"切磋炼丹心得，改进丹药配方。

嘉靖二十一年，嘉靖皇帝要炼丹了。这次的配方非比寻常，他需要少女的经血。

"你，你，还有你，"嘉靖皇帝点了几个人，"朕给你们个机会。"

这几位长期受压榨的宫女不堪忍受，商量了一下，决定趁着月黑风高，把嘉靖皇帝这个剥夺人健康和尊严的皇帝给勒死。结果因为她们没有经验，再加上嘉靖皇帝"福大命大"，最终嘉靖皇帝死里逃生[1]。

"我见过的人越多，越喜欢猫。"

这是嘉靖皇帝的心声。和人相处太危险，尔虞我诈，钩心斗角，唯有霜眉才是温暖无害的存在。霜眉和嘉靖皇帝生活了一段时间之后，它完全适应了皇帝的作息。嘉靖皇帝伏案工作

---

[1] 原文出自《明史》。

明朝嘉靖皇帝朱厚熜和爱猫"霜眉"

的时候，它就在一旁静静地卧着；就寝的时候它不离左右；当皇帝起身或出门，它就在前面当向导。和所有的帝王一样，嘉靖皇帝疑心很重，最开始他觉得霜眉的乖巧可人很不寻常：世人都说猫的性情难以揣测，怎么可能有忠心耿耿的猫？可是时间一长，皇帝从霜眉那里看到了人间稀有的品质——忠义。

如此乖巧忠诚的霜眉去世，让嘉靖皇帝悲伤不已。霜眉金棺下葬那天，皇城内魂幡飞扬，哀声不绝，一大队人马护送着霜眉的棺材，长途跋涉了好几个小时，终于来到了嘉靖皇帝为霜眉指定的风水宝地——万寿山。嘉靖皇帝还赐给霜眉的坟墓一个贵不可言的名字——虬龙冢。一代名猫长眠于此，生前锦衣玉食，死后荣华富贵，为自己的猫生画上了一个圆满的句号[1]。

不过，在悲痛欲绝的嘉靖皇帝心中，这事还远远没有结束。他不仅要厚葬霜眉，还要歌颂霜眉，让这一人一猫之间的情谊永久流传。于是他下令举办一场别开生面的作文大赛，文体不限，字数不限，主题只有一个，就是为霜眉"荐度超生"[2]，大臣们有点犯愁，歌颂名士倒是人人拿手，但是以动物为主题还真是有点不太熟。有一位叫袁炜的大臣大笔一挥，写道，霜

---

[1] 原文出自《日下旧闻》。

[2] 报纸文章《明代"猫奴"皇帝很奇葩》，《中国艺术报》，2018年1月5日第8版。

眉是去了更好的地方，陛下不要太伤心，因为它已经"化狮为龙"了！

在众多平庸的悼文中，这句"化狮为龙"让皇帝眼前一亮，霜眉就像小狮子一样高贵，像龙一样变幻莫测，说得太好了，升官！袁炜曾经无数次设想过自己升职的场景，他从不迟到早退，也不结党营私，兢兢业业地给朝廷做事，却一直是个小小的礼部学士。无数前人的例子表明，升官之人要么靠学问，要么靠人脉，要么靠混日子拼资历。他做梦也没想到，就因为"化狮为龙"这四个字，他直升吏部侍郎，再火速入了内阁，和宰相平起平坐，这火箭般的晋升速度，前无古人，后无来者。

而所有的好运气，都是因为一只猫。

在明朝官方养猫机构猫儿房中还有 12 只猫，它们也是大明皇帝的心头爱。天下猫奴是一家，即便是明朝皇帝也不能免俗，他总想给自家主子吃点好的。嘉靖皇帝的御猫每天吃的伙食确实很不错。如果嘉靖皇帝穿越到现代，他一定是在购物车里塞满猫罐头的那种人。

坚持吸猫、坚持不上朝的嘉靖皇帝在 60 岁的时候去世了。朱厚熜并不算一个长寿的皇帝，不过跟历史上所有热爱炼丹和服用丹药的"同行"相比，他算活得挺久了。吸猫能延年益寿，诚不我欺。

在大明朝，夸猫能升官这种奇事，还有先例。明仁宗皇帝朱高炽也是一位猫奴。

作为明朝第四位皇帝，明成祖朱棣的长子，明仁宗在继位之前的存在感并不是很强。中国皇帝的平均寿命为40岁，可是明仁宗在47岁的时候才登基，算是高龄皇帝。

他体型肥胖，但是为人忠厚，不管是在朝廷众臣还是普通军兵那里，他的"路人缘"不错。虽说后宫佳丽三千，日日吃的都是珍馐美味，但明仁宗还是有个朴素的小爱好：画猫。

宫中珍奇异兽众多，为什么猫能独得皇帝的恩宠？一方面，自然是猫很可爱，憨态可掬；另一方面，明仁宗当上皇帝的时候已经直奔天命之年而去，猫这种吃了睡睡了吃的生活习惯，刚好和他慢节奏的心态契合。

他喜欢猫，而且喜欢画猫，这种低成本的消遣方式很符合明仁宗给自己定的人设——憨厚老实、不作妖。有一次，明仁宗处理完朝廷政事，匆匆吃完了御膳房提供的工作餐之后，便来到花园中散步，园中的小猫引起了他的注意。明仁宗命人笔墨纸砚伺候，一口气足足画了7只形态各异的小猫，并且令内阁辅臣杨士奇撰写跋文。

对于在仕途上有野心的人来说，皇帝无意间给的任何一个表现机会，都有可能成为他升官的理由，杨士奇当然明白这一点。皇帝画的是猫吗？皇帝画的是他自己啊！皇帝喜欢猫是不务正业吗？当然不是，那是以猫作为隐喻，对老鼠之类的黑恶势力疾恶如仇啊！杨士奇先夸猫是"静者蓄威、动者御变"，再夸猫是"乐我皇道、牙爪是司"，表面上写小猫咪能动亦能静，实际上是在称赞明仁宗疾恶如仇、治国有方。

凭借着对猫主子的夸赞，杨士奇平步青云，当官 40 余年，先后辅佐 3 位皇帝，深受器重。这位超长待机的政治家，应该会感谢猫咪的助攻之恩吧。

朱厚熜的孙子，大名鼎鼎的万历皇帝朱翊钧也是一位资深猫奴。

"红罽无尘白昼长，丫头日日待君王。"这里夜夜陪伴皇帝的"丫头"不是某位姿色艳丽的宫娥，而是对万历年间宫中小母猫的特定称呼 [1]。又是一个没有猫暖床就睡不着觉的猫奴。

万历皇帝自从重臣张居正去世之后，无心过问政事，坚持30 年不上朝，每天沉迷于吸猫的快乐中。跟独宠霜眉的爷爷相比，万历皇帝就博爱许多，他养了很多猫。宫中的猫一度多到什么程度呢？就是皇子皇女在宫中游玩时，追打嬉戏的猫经

[1] 原文出自《万历野获编》。

常会把这些娇生惯养的孩子吓得不轻，甚至有皇子皇女精神受到了刺激，从此"惊搐成疾"[1]，落下终身的病根。

不过万历皇帝并不是很在乎猫的负面影响，他连上班打卡都不去，更别说吓到人了。"我见过的人越多，越喜欢猫"，嘉靖皇帝的牢骚似乎仍在他耳边响起。万历皇帝不仅养猫，他还有个巨大的动物园，叫作豹房，里面有各种各样的珍禽异兽，包括老虎、豹子之类的大型猫科动物。万历皇帝干脆从乾清宫搬了出来，在豹房旁边建了个偏殿[2]。他经常住在这个偏殿里，因为这里方便他吸猫——大猫、中猫、小猫，反正都是猫。

皇帝爱猫，这也影响了当时的艺术创作，万历年间的官窑就有不少以猫为素材的周边作品，2016年香港秋拍的拍品——明万历五彩群猫图花棱形盖盒拍出了790万港币的高价。这个只有15厘米高的小盒子，上面却画了不少猫，个个珠圆玉润，无忧无虑。

汉唐之际，猫在中国历史上一度被作为奸诈的象征，有"狗是忠臣，猫是奸臣"这样的说法。武则天甚至一度下令，宫中不得养猫。

---

[1] 原文出自《万历野获编》。

[2] 期刊文章《明代皇帝宫廷娱乐特征述论》，《徐州工程学院学报》，2016年第5期。

138

在大明王朝几任皇帝不遗余力的带动下，猫在中国人心目中的形象也来了个惊天逆转，它摘下了"奸臣"的帽子，转而象征了始终如一的忠义，还带有些许悲情色彩。

万历年间，福建有一个叫崔子镇的人养了一只黑猫。这只黑猫是崔子镇的宠物，叫作黑儿。每天晚上黑儿会跳到崔子镇的床上睡觉，他出门的时候黑儿会把他送到门外。每次崔子镇回家，人还没进门，黑儿就会远远地跳出去迎接他。黑儿的耳朵总是很灵。后来，崔子镇去世，下葬那天，家人带着黑儿去见这个老人最后一面，安慰黑儿说不要伤心，人生如同彩云，聚散终有时。崔子镇去世之后，黑儿失去了往日的活泼，不爱吃饭，夜里总是失魂落魄地游荡，对着空气喵喵叫。崔子镇下葬之后不久，家人在他的棺木下发现了一具小小的尸体，那是黑儿，它也随"铲屎官"而去了。

后来，崔子镇的儿子偶遇了诗人宋珏，就把父亲和猫的故事讲给他听。听闻了这件事情之后，宋珏深受感动，便作了一篇《黑儿像赞》，记录了黑儿的忠肝义胆。《黑儿像赞》保留至今，现在还可以看到。

猫给人留下的动人故事，令人唏嘘不已。

7

硬核吸猫乾隆皇帝：我有钱，更有猫

　　1426 年，明朝第五位皇帝明宣宗朱瞻基在素有吸猫传统的明代皇宫中，完成了自己的绘画作品——《花下狸奴图》，他郑重地落了个"宣德丙午制"款，一幅传世名作就这样大功告成了。

　　和他的父亲仁宗皇帝一样，朱瞻基也喜欢猫。而且，这幅画充分体现了宋明时期的宫廷审美，两只活泼可爱的小猫在湖石、菊花丛中嬉戏。朱瞻基先勾线、填染底色，再以细毫钩染斑纹和毛色，在他高超的笔力下，画中猫咪身上的被毛，都像被放大了一般，让人看得清清楚楚。

　　在那个没有照相机和手机的时代，能这样形神兼备，这样高度还原帝王吸猫现场，朱瞻基可谓是画猫届的"灵魂画手"。

300 多年后，朱瞻基这幅得意之作落到了另外一位猫奴皇帝手中，那就是乾隆皇帝。

经过现代人的数次演绎和改编，多次被搬上大银幕的乾隆皇帝已然成为国人心目中的"明星"皇帝。一千个读者心中有一千个哈姆雷特，一千个中国人心中就有一千个面目迥异的乾隆皇帝。作为一个公务缠身的皇帝，他却喜欢在烟花三月的时候到江南打卡"网红"饭馆；普通人休闲的时候睡觉，乾隆皇帝最爱的休闲活动之一就是点评前人的作品，比如刚刚提到的朱瞻基的《花下狸奴图》。

乾隆皇帝看着这幅画，感慨万千，猫是很可爱，可是猫背对着画中的菊花和湖石是什么意思呢？菊花和湖石在国画中有很深的隐喻，多是代表着直言进谏的忠臣。而这画里惹人怜爱的小猫咪，乾隆皇帝认为其代表的就是明宣宗本人了。脑补了一下朱瞻基当皇帝时进退两难、郁郁不得志的场景，他也不由得心疼这位时运不济的大明皇帝一分钟——明君难当，说多了都是泪。

于是乾隆皇帝现身评论区，在朱瞻基的真迹上亲笔题识："分明寓意于其间，而乃陈郭拒谠言。责人则易责己难，复议此者那能删。"

这句话是什么意思呢？

乾隆皇帝点评猫奴皇帝明宣宗朱瞻基的《花下狸奴图》

乾隆皇帝对做皇帝这件事情想得很明白："忠臣是好，说的话是真对，但有些话从他们嘴里说出来真是戳心窝子，扎心得很。但是，当皇帝哪有那么矫情的小想法呢？一切都要从江山社稷出发来考虑问题，忠臣说话是难听点，但是根据我多年的治理经验，他们往往是话糙理不糙，没有他们，哪来这江山稳固、朗朗乾坤？"

最后，他还不忘"啪"地一下盖上"乾隆御览之宝"印，以示这幅画不错，于朕心有戚戚焉。

这方"乾隆御览之宝"印和乾隆皇帝显赫的身份很配，因为它的边长足足有 11.7 厘米，普通人的手掌难以一握。

乾隆皇帝不仅喜欢点评书画，还喜欢点评历代名诗。作为一个日理万机的皇帝，他在批阅奏章、敦促政治、管教皇子、戎装打猎、接见外宾、宠幸后宫、处理宫斗纠纷等纷繁复杂的事务中间，还会见缝插针地写诗——如果放到现在，乾隆皇帝一定是个时间管理大师。

前文提到陆游是个长寿且高产的爱猫诗人，一生留下来的诗作有近万首，这还不包括没有留存下来的。乾隆皇帝也是一言不合就写诗，一生创作了四万余首诗，几乎作为"全职作家"的陆游，一生的创作数量还不到乾隆皇帝这个业余爱好者的五分之一。乾隆皇帝的本职工作是当皇帝，所以对于他的业余爱好，我们不能太过于苛求。在四万余首诗作中，只有一首是正式入选小学语文课本的，让我们一起来欣赏一下：

飞 雪

一片一片又一片，

两片三片四五片。

六片七片八九片，

飞入芦花都不见。

而据说入选的原因是，浅显易懂，比较适合小学生练习音韵和识字。同样作为勤奋又高产的诗人，乾隆皇帝对于陆游的评价很高："宋自南渡以后，必以陆游为冠。"[1]

于是，猫奴陆游终于熬成南宋诗王，位列南宋四大家之一。

乾隆皇帝喜欢给历代文物盖印这件事情，已经不止一次被现代网友吐槽了。

最开始乾隆皇帝给书画盖印，心思还很单纯。在当皇帝第九年的时候，他主持了一项大型书画整理工作，主要的整理范围就是前朝宫廷字画还有历代名家墨宝，而盖印是最直观的

---

[1] 图书《御选唐宋诗醇·陆游卷》，商务印书馆，2019年版。

一种分类方式。万万没想到，皇帝竟从盖印这个机械枯燥的动作当中找到了乐趣，从此一发不可收拾。

"辣手摧花"，没有一幅精致的字画能干干净净地逃出乾隆皇帝的印章。

东晋王羲之的《快雪时晴帖》是乾隆皇帝的心头爱，这幅书圣的墨宝本来只有28个字，长宽均不超过0.25米，在乾隆皇帝喷薄的情感关照下，它总共被题识了71次，盖了172枚章，长度也被拉长到5.5米。要知道，据不完全统计，乾隆皇帝在位60年，总共拥有1000多方印章，平均每半个月就要入手一枚新印章。而他常用的有500多个，果然是大户人家，比精致女孩的口红色号还要多。

在那个没有评论区也没有弹幕的时代，乾隆皇帝这位"文物杀手"就用"题识＋盖印"的双重暴击，来表达自己的精致品位。值得一提的是，在屡次被恩宠之后，《快雪时晴帖》变得几乎没有能下手写字和盖印的地方，所以乾隆皇帝独辟蹊径，在两页纸的衔接处写了一个大大的"神"字，这才罢休。

难逃乾隆皇帝精致品位"魔掌"的，不仅仅有历代名家墨宝，还有瓷器。

和前朝宫廷瓷器相比，乾隆时期造的瓷器因为过于繁复，经常被吐槽为"农家乐审美"。毕竟康熙和雍正时期，都是欣赏"Less is more"（少即是多）的。

乾隆时期烧制的乾隆瓷母瓶（也叫各种釉彩大瓶）是这种"农家乐审美"的集大成者，在同一个瓷瓶上使用了多达十五层釉彩，同时也代表大清匠人的顶级水准。

而就是这个无法形容的大瓷瓶，让乾隆皇帝的审美再次被广大人民群众集体嘲笑了一番。但实际上，这个工艺繁复的大瓷瓶，是一个国家层面的瓷器作品，就像有的学者说的那样，乾隆皇帝的品位可能看起来是高调的庸俗，但他是站在国家角度在"炫技"，以此宣告，这就是朕的江山，这就是欣欣向荣的华夏盛世！

皇帝本人是不是真的喜欢这些花花绿绿的大瓷瓶，真不知道"Less is more"的审美真谛呢？显然不是。

台北故宫博物院曾经举办过一个展览，展示出了乾隆时期的一本宫廷画册。乾隆皇帝选出自己最喜欢的瓷器，让画师给每一幅瓷器都画一幅肖像画。我们发现，在这本手绘画册中，无一例外都是清新淡雅的单色瓷器，别说花花绿绿的"农家乐"大瓷瓶，连简约素雅的青花瓷都极为少见。

如果说这本画册里的瓷器都是皇帝心中的珍宝，那汝瓷，就是其中最璀璨的那颗明珠。

1744年，意大利使者给乾隆皇帝进贡了一只大猫，是一只罕见的薮猫。

这只猫身形健美，体格苗条，耳朵大得像兔子，红棕色的皮毛闪耀着鎏金般的光芒，身上的条纹斑点更显现出它的尊贵。

虽然没能亲眼看见它在非洲大草原上驰骋，但这极度类似小型猎豹的身形，让乾隆皇帝心醉沉迷。

身边的近臣并不同意皇帝和一只看起来野性未除的大猫如此亲密，毕竟乾隆皇帝的龙体关乎着国家社稷，于是他们纷纷进谏说："皇上，这薮猫性格刚猛，不可常伴君侧！"

乾隆皇帝瞥了这些大臣一眼，不为所动。要知道，作为一个土生土长的北方汉子，他在还是皇子的时候，就跟着皇阿玛穿梭密林，用火枪打猎，包括老虎在内的不少猛兽曾经因此殒命。他连大型猫科动物都不怕，更何况是这体格中等的薮猫？

此时正是乾隆十年，出生于1711年9月25日的乾隆皇帝，刚过了而立之年。

四海八荒内的珍禽异兽乾隆皇帝见过很多，宫中的宠物猫也不止一只，唯独这薮猫让他觉得新鲜。我们现在已经无从知道，这只大猫的性格是什么样的，是经过人工驯养变得温和亲人，还是完完全全来自野外，高冷强悍？

可以肯定的是，乾隆皇帝对这只大猫宠爱有加。

作为一个典型的天秤座，他对一切都充满着好奇心，据他观察，这大猫跟一般猫咪也差不多，白天绝大部分时间都在睡觉，醒了之后就开始到处找吃的。为了好好安顿这来之不易的猫主子，他让宫中给薮猫安排一个猫食盆，也就是装猫粮的碗。

那究竟什么碗才能配得上薮猫高贵冷艳的气质呢？

乾隆皇帝对太监安排的猫食盆并不满意，他亲自指定了一件汝窑名器。

鼎鼎大名的汝窑，是宋朝五大名窑之一。因为在烧制过程中加入玛瑙作为原材料，所以釉色呈现出天青色，釉面温润如玉，堪称"人间绝色"。宋徽宗虽然做皇帝不行，但是审美很高级，他大加赞赏汝窑瓷器的天青色，形容它如同雨雾初晴后的天空般美丽。在宋徽宗的推崇下，汝窑一度成为五大名窑之首，风头无两。但是汝窑烧造时间短，所以传世的真品并不多，这更让汝窑瓷器身价倍增。

识货的乾隆皇帝也是汝窑的忠实粉丝，在清宫内府中，珍藏着他不遗余力搜集来的汝窑珍宝。即便如此，汝窑真品的数量仍然少得可怜，雍正七年（1729 年），统计者将整个皇宫里里外外翻了个底朝天，也只找出 31 件汝瓷瓷器。

乾隆皇帝当然知道汝瓷的稀有。闲暇时，他常令人拿出汝窑瓷器把玩，有一次他不小心把粉青奉华纸槌瓶的瓶口打碎了，把他心疼得够呛，连忙命人修补上一圈铜口，将其保护起来。

乾隆皇帝是一个大气的人，明知道宫里汝瓷瓷器稀少，明知道汝瓷珍贵易碎，明知道这天青色的无价之宝在猫主子眼里不过就是吃饭用的东西，他还是很慷慨地把自己心爱之物赐给了猫主子。

而且乾隆皇帝还特意关照，为了让猫主子吃饭的时候显得姿态好看，务必给猫食盆定制一个底座，底座也不用太节俭，就用紫檀木做就行，尤其是注意别做得太高，而且一定要是带抽屉的[1]。

2015年，北京故宫博物院将所有博物馆中已知的汝窑瓷器数做了一个统计，目前全世界存世的汝窑瓷器不足百件，其中的一件汝窑天青釉洗在香港苏富比拍卖行以2.08亿港元成交，创造了宋代瓷器拍卖的纪录。

汝窑瓷器虽然少，但其中也分三六九等，品相最好的，就要数没有冰裂纹的，也就是现在我们常说的"不开片"的[2]。

---

[1] 原文出自《各作成做活计清档》。

[2] 原文出自《景德镇陶录》。

乾隆皇帝的"爱猫"和价值连城的猫食盆

现存几乎所有的汝窑瓷器都或多或少有开片，除了做过猫食盆的这一件。现在，类似的猫食盆是台北故宫博物院的镇馆之宝。保守估计，仅仅是猫食盆本身，价值就能超过5亿人民币。

爱猫，就为它花钱。特别爱它，就为它花很多很多钱。

乾隆皇帝有钱任性，这价值5亿元的猫食盆，可谓是真情实感吸猫的典范。虽然乾隆皇帝的阔绰让普通人望尘莫及，但他这甘愿为猫主子花钱的劲头，让人不禁感叹，是猫奴没错了！

有趣的是，乾隆皇帝也非常高寿，他在位60年，享年89岁，是清朝最长寿的皇帝，也是中国历史上长寿的皇帝之一。

真是应了那句江湖传言：要想活到九十九，每天吸猫一大口。

⑧ 清代贵妇示范：如何用一只猫，拍出时尚大片

时光倒流几百年，在没有照相机、没有修图师的时代，中国贵妇怎样把艺术照拍出时尚大片的感觉呢？

现在的名媛喜欢晒包，古代的贵妇喜欢秀猫。

在照相机发明之前，想要留下一张影像并不容易，于是就催生出了职业肖像师这样的职业。17世纪，欧洲巴洛克时期，贵妇们喜欢蓬蓬裙，在同时期的欧洲猫画或者说是贵妇肖像画中，我们经常看到猫趴在贵妇巨大裙摆上的样子。

有一种美人，叫作氛围美人。平时看起来可能平平无奇，但是有了某种氛围的烘托，就会放大她们的美丽。

欧洲贵妇深谙此理，她们在身边放一只猫。猫有时候匍匐

在她们脚下，显得她们慵懒；有时候趴在她们的胸口，显得她们诱惑；在她们睡觉的时候就静静地卧在高处，显得她们从容。

总之，猫不仅仅是宠物，还是营造氛围的高手。有了猫的衬托，不费吹灰之力，她们显得既贵气，又勾人心魄。

若干年后，独立女性文学的代表亦舒一语中的：做女人，最要紧的就是姿态好看。

东西方的贵妇们，都深谙此理。

我是一个贵妇，我要有猫，还要有一个钟表——在明清两朝，宫廷内最稀罕之物，非钟表莫属。

钟表这种东西，本来不是我国特产。明朝的时候，意大利传教士利玛窦来华。他第一次来中国，人生地不熟，但是总不能空着手去。彼时《马可·波罗游记》已经问世，欧洲很多人，尤其是皇室和宗教界的上层人士，不仅仅是《马可·波罗游记》的超级书迷，也是中国这个遥远国度的狂热粉丝。传教士利玛窦作为马可·波罗的意大利老乡，不仅听过他的盛名，更从书中了解到，在那个金碧辉煌的东方国度，物产富饶。一个什么都不缺的皇帝会需要什么样的贡品呢？利玛窦从老家出发时带了很多东西，有耶稣像、万国图、铁丝琴、自鸣钟，等等[1]。

果然不出所料，西方的工艺技术让万历皇帝觉得稀奇，他左瞧瞧右看看，每一件都觉得稀奇。其中，他最中意两样东西——一大一小两个自鸣钟。

1601 年 1 月 24 日，在这个沉闷又寒冷的冬日，当钟声响起的时候，血红色的宫墙仿佛一下子变得波光荡漾，万历皇帝盯着那小小的指针，仿佛置身梦境[2]。

万历皇帝开了个头，从他之后的历代皇帝，无论是有德明君还是无道昏君，都很喜欢西洋钟表。钟表是舶来品，当时中国的工匠并不太会维护这些东西，于是就给了那些外国传教士进入中国古代政治权利中心的机会。不管这些外国人来到中国的最终目的是什么，他们所打的旗号非常巧妙——要么就是送钟，要么就是修表。

别看现在家家都有钟，买个表也没什么稀奇，但在清代的时候，钟表可是顶级的奢侈品。有一次，慈禧太后要拍照，在背景的桌子上还特意摆了两台座钟。这张照片现在还可以看到，为了完美地展示出自己是拥有两台钟的人，慈禧本人都被

---

[1] 图书《帝京景物略》，上海远东出版社，1996 年版。

[2] 期刊文章《明代皇帝宫廷娱乐特征述论》，《徐州工程学院学报（社会科学版）》，2016 年第 5 期。

挤到了画面的右边。

20世纪50年代初，北京故宫博物院的工作人员在清点紫禁城清宫藏品的时候，偶然发现了十二幅巨大的绢画。展开之后，十二位风姿绰约的美人跃然而出，展现在世人面前。这十二美人图是清代雍正皇帝的私人收藏，最开始的时候裱在雍正在圆明园的深柳读书堂里，后来在雍正十年被拆下来，藏于宫内。

在雍正最爱的十二美人图中，有这样一个女子。她头戴簪花，手拿念珠，窗前有两只长毛宫猫在嬉戏，一派岁月静好的景象。我们再扫一眼她所处的背景，她左侧所放的几凳上，摆着一只紫檀木画珐琅自鸣钟。就这一个小小的物件，足以证明她的身份尊贵，独得恩宠。

画中逗猫的女子，正是雍正喜欢的氛围美女，既有东方闺秀的含蓄，又有西洋女子的时尚，有猫入画的女子是如此美好温婉，难怪帝王也为之心醉神迷。

1911年清朝统治被推翻，宣统皇帝溥仪还暂居在紫禁城中。1922年，16岁的原任内务府大臣荣源之女婉容嫁给溥仪。溥仪和婉容度过了一段相对甜蜜的时光，他们养了一只外国领事馆赠送的波斯猫，这只波斯猫圆润可爱、叫声娇憨，溥仪给它起名叫"金狮"，婉容则为这只猫专门画了一幅《猫蝶图》。

婉容身材纤细、多才多艺，不仅琴棋书画样样精通，而且还通晓英文。随着时间的推移，溥仪和婉容之间的感情逐渐冷淡，居住在储秀宫的婉容留下了一张抱着猫的照片。这岁月静好的瞬间很快便成了镜花水月，而婉容纤纤臂弯中的那只宫猫，不仅留下了末代皇宫中的一瞬，也宣告着变革即将到来。

9

围观了中国古人如何精致养猫之后，奇怪的知识增加了

古代普通人家养猫，可能不会有皇家这么奢靡——用汝窑瓷器做猫食盆、紫檀木做猫食盆底座，让猫睡皇上的龙榻、陪见外宾，还要"客串"时尚杂志。

中国人是含蓄的，每当提起猫的时候，傲娇的古代猫奴总是会说，养猫绝非因为猫可爱，只是为利用它们捉老鼠而已。在老鼠药和捕鼠器发明之前，仿佛猫只是一个毫无感情的捕鼠机器，对人类唯一的用途就是解决鼠患问题。尤其是深受儒家思想影响的文人，更是生怕别人觉得自己养猫是玩物丧志，辜负了圣贤教诲。

不过如果我们去翻翻古代的典籍，会发现古人对于养猫

的精细程度，远出于我们的意料。嘴上说着不要不要，身体却很诚实。在当时有限的条件下，中国古代猫奴为了全方位地了解猫主子，可谓煞费苦心，从干猫粮、湿猫粮到驱虫、绝育，他们已经有了关于养猫的一系列知识，甚至可能比现在有些人养猫更科学、更走心。

我们都以为古人养猫一定是又粗放又散漫，实际上，中国古人的宠猫程度，比我们想象中要精致许多。

一、宋朝的时候，宠物店就能买到猫粮了

在宋朝，猫狗双全是人生赢家的标志。而如此多的养猫、吸猫大军催生了宋朝成熟的宠物市场。

宋朝的宠物店里可以买到猫粮，当时叫作"猫食"，包括猪肝、猪大肠、小鱼干、泥鳅，等等。

宋徽宗时期，郑州司刑曹苏锷命下人去买猫粮，指明要买小鱼干。下人到市场上逛了一大圈，在猪肝、猪大肠、小鱼干和活蹦乱跳的泥鳅中，买了几两猪大肠。

苏锷在家等着喂猫，发现下人居然买了猪大肠回来，面露愠色。下人也很委屈，说，猪大肠可比小鱼干好吃，我们当地的猫都爱吃。

苏锷笑了笑，把猪大肠红烧后自己吃了。

二、宋朝"铲屎官"：爱它，就给它买小鱼干

宋朝之前，猫以吃老鼠或者鸟类居多。到了宋朝，人们才发现，原来猫最爱吃的食物中，老鼠、鸟类等排第二，猫最爱吃的是鱼，或者说是小鱼干。

宋朝史料上大量出现猫吃鱼的记载。在东京汴梁，若开一家宠物店却不卖小鱼干，生意可是要惨淡许多。

而一个不给猫主子买小鱼干的"铲屎官"，不算是真正合格的"铲屎官"。

1169年，高产的猫诗作家陆游启程前往四川，朝廷任命他为夔州通判。此时的陆游44岁，已经失业在家待了不短的一段时间。"山重水复疑无路，柳暗花明又一村"，这首语文课本中要求背诵的诗句，就是陆游失业在家时用以自勉的"鸡汤"。

好在命运并没有抛弃他，写下这首励志诗句两年之后，主战派虞允文任职宰相，大量启用主张抗金的官员，在家赋闲四年的陆游再次上岗。

此时的陆游有些捉襟见肘，四年没挣钱，他的积蓄几乎都已经花完了，不仅要养活妻子和一大堆孩子，还要养猫。

算算去夔州的一路花费，陆游知道自己必须要开启"穷游"模式，因为他这一路上不仅要带着老婆孩子，还得带着猫。老婆跟着他节衣缩食，大小孩子吵吵闹闹，猫主子独自美丽，

就这样，他开始了一段跨越 1500 多公里的"穷游"之旅。他们在路上就花了五个多月。途中陆游还不忘写信给宰相虞允文，意思是说自己到夔州这么远的地方去上班，连餐饮、住宿、车马费都不报销，自己只能厚着脸皮到处蹭饭。而且四川这里工资又低，能不能攒够回杭州的路费都是问题。

"人在囧途"也就罢了，陆游还惦记着给自己的猫主子吃点好的。他到了四川之后就去考察当地的宠物市场，发现这里的湿猫粮——鲜鱼出奇的便宜，不过这里的鱼太大，口感不好，没有杭州卖的那种小鱼干，所以只好作罢[1]。

三、家里的猫食欲不振、毛发暗淡？明代人教你如何自制猫饭，养出元气猫咪

明代的猫粮品种繁多，尤其是在皇家，主要给猫吃富含多种肉类蛋白质的自制猫饭。以乾明门养猫处为例，这里足足养了十二只御猫，每天的猫饭要四斤七两猪肉加一副猪肝[2]，而且这还是明朝早期的事情，到了正德皇帝朱厚照当政的时候，每天给猫准备的食物量还会再成倍地增长。其实这样的食谱已经算是比较理想了，猪肉和猪肝都是优质的动物蛋白，内脏中含有许多猫咪需要的维生素、矿物质等，如果猫咪长期吃猫

---

[1] 原文出自《入蜀记》。
[2] 原文出自《花当阁丛谈》。

饭的话，是一定要吃内脏类的。而且猫是纯肉食动物，所以明代的猫饭里面并没有弄些"荤素搭配"的食材，比现在网上的某些爆款自制猫饭教程都要靠谱。另外，肉类中本来就富含水分，对于不爱喝水的猫来说，吃自制猫饭是一种补充水分的绝佳方式。

皇家的猫都吃自制猫饭，有些富裕人家也直接让猫吃生肉，模拟猫的天然饮食。潘金莲就是这样养猫的，她不是给猫吃猪肝或者小鱼干，而是每天给猫吃半斤生肉，把猫养得膘肥体壮，毛发里面都能藏一个鸡蛋[1]。

有时候猫饭做好了，猫主子并不想吃，尤其是天气炎热的时候，怎么给猫饭保鲜呢？明代理学家方以智给了一个高赞回答，就是准备一个陶罐，在里面放上木炭，再把猫饭放进去，利用木炭本身的吸湿性来保持肉类的新鲜度[2]，这样猫饭不容易变质。

四、清代人知道猫吃饭有不少禁忌

在一幅由西方人手绘的版画当中，生动地刻画了清代普通人买猫的场景。当时，在市场中人们不仅可以买到鸡、鸭等家禽，还能买到猫。卖猫人会把猫装在竹制的笼子里，给猫明

---

[1] 原文出自《金瓶梅》。
[2] 原文出自方以智《物理小识》。

161

码标价。市场上的买猫人多是农民或者普通文人，农民需要猫来捕鼠，文人需要猫来护书。

清代文人爱猫，博学多识的文人猫奴，给大家做养猫指南——猫谱。

猫谱是中国古代动物谱录中的一种，现存世四部。虽然成书最早的猫谱《纳猫经》出现在元代，但其余三部猫谱都是清人所作，分别是清嘉庆三年王初桐的《猫乘》，清嘉庆四年孙荪意的《衔蝉小录》，还有清咸丰二年黄汉的《猫苑》[1]。

有钱富养猫，没钱穷养猫，《猫苑》的作者黄汉很务实地指出这一点。不过在这几本清朝养猫指南当中，作者认为即便是普通人家，也应该了解最基本的养猫常识，一个没有基本养猫常识的养猫人对于猫来说是一种伤害。

比如，有的人家养猫就是把剩饭剩菜倒给猫，这表面上看起来没有问题，猫确实吃点剩饭剩菜也能活，但并不代表它们能活得好。实际上猫不能多吃咸，咸的吃多了容易掉毛，也就是我们现代常说的得了皮肤病。普通人家不用给猫吃山珍海味，但是在力所能及的范围内还是可以注意一下。

再比如，如果家养的猫不亲人，那就要考虑是不是猫因为

---

[1] 期刊文章《中国古代猫谱中的科学与技术探究》，《农业考古》，2019 年第 1 期。

天天吃野味或者去抓老鼠，所以野性难驯，不容易和人亲近[1]；如果想让猫养得又大又壮，可以多喂点鱼和猪肝[2]。

五、为了给猫做绝育，清代猫奴的演技值得提名奥斯卡

清代猫奴已经体会到被猫支配的快乐，明明是买了一个捕鼠工具而已，明明是让它看护书房而已，没想到却对猫动了真感情。猫若跑出去野一整天，心里就空空落落的，想它。

古人认为母猫比较温顺，公猫比较野性。如果家里有一只公猫，要给它做去势手术[3]（绝育）。这样猫不仅会变得温顺，而且不会在发情期在家里乱拉乱尿，避免了很多不良行为。虽然给猫做绝育的意识很超前，但是猫主子生不逢时，当时的医疗技术跟不上，做绝育的公猫将会承受巨大的痛苦。为了避免猫怨恨主人，清代猫奴给猫做绝育前，都要演一出戏。首先将演戏的场景安排在屋外面；其次，要把猫头固定住；然后，手起刀落，公猫捂着蛋蛋冲进家中，十分悲壮；最后，主人要跟着猫三步并作两步地进屋，一脸怜爱并无辜地安抚它，让它知道外面很凶险，还是老老实实待在家里面实在[4]。

---

[1] 原文出自《猫苑》。

[2] 原文出自《猫苑》。

[3] 原文出自《猫苑》。

[4] 原文出自《猫苑》。

六、驯猫

在最爱的人面前，人类容易变得幼稚。

在特别爱的动物面前，人类容易变得更加幼稚。

古人试图教猫学会听懂自己的名字，比如用唇音"汁汁"呼唤猫，并且将食物跟呼唤声建立联系，猫是可以听懂人类在呼唤它的[1]。至于它听懂后愿不愿意搭理人类，那就是另外一回事了。

杭州城东的真如寺有个僧人，是个驯猫大师。因为经常要出门讲经，所以他想把寺庙托付给自己的猫。在他的精心训练下，这只猫学会了保管钥匙。他只要出门，就把钥匙交给猫，猫叼着钥匙，将其藏匿起来；等他回到寺庙，轻轻拍拍门，猫很快就能衔着钥匙出现，一人一猫回到寺庙[2]。

这大概是中国历史上驯猫第一人吧？放到现在，这只猫肯定是妥妥的"网红"猫了。

七、为了教猫学会用猫砂盆，中国古人能有多拼

猫天生喜欢在松软的地方排泄，对有的猫来说，家极有可能就是一个巨大的猫砂盆，这让"铲屎官"欲哭无泪。

在那个没有发明猫砂的时代，古人为了教猫上厕所，想了

---

[1] 原文出自《猫苑》。
[2] 原文出自《猫苑》。

很多办法。他们把一只猫抱回家的时候，先用桶把猫装好并且用袋子将其蒙住，这样是防止它一糊涂又跑回原来的家里面。并且会在桶里面放一根筷子，让筷子上沾上猫自身的味道。回到家之后，找一处松软的土堆或者沙堆，把筷子插在上面，这样，猫就会固定在这里上厕所[1]。

八、爱上一只不想回家的猫，怎么办

养了猫之后就容易患得患失，不让它出去疯，怕它在家憋坏了；让它出去玩，又怕它不知道回家。另外，一个实际情况就是，过去绝大多数人都是散养猫，怎样才能既让猫在外面大小便，又让它们知道回家呢？

古人的做法是这样的：开始养猫的时候，先给它吃几片好吃的猪肝，然后把猫带到门口，用细竹枝轻轻鞭打，放回家之后再给它吃点猪肝[2]。虽然让猫受了点皮肉之苦，不过效果显著，这样猫就不容易走丢了。

这主要是利用食物贿赂猫主子，让它知道只有回家才有好吃好喝，所以一定要记得回来，千万不能跑远了。

九、给猫穿衣服

有一种冷，叫作"铲屎官"觉得你冷。

---

[1] 原文出自《纳猫经》。
[2] 原文出自《古今医统大全》。

165

《猫苑》的作者黄汉是个猫奴，每到冬天，他不仅会给猫铺个厚厚的猫窝，还会给猫亲手制作小棉袄[1]。

爱猫的男人运气不会差，《猫苑》就是我国现存三大猫谱之一，而黄汉本人也因为这本书而名留千古。

十、给猫驱虫

散养的猫容易生跳蚤，对于喜欢抱猫睡觉的古代文人来说，因为猫身上有跳蚤不能抱猫睡觉是一种折磨，而因为猫身上有跳蚤还要抱猫睡觉则无异于一种酷刑。

古代的兽医听到了猫奴们的心声，于是猫咪驱虫药应运而生，而且是中药配方。

"生虱，桃叶与楝树根捣烂，热汤泡洗，虱皆死。樟脑末擦之，亦可。"

不过这种驱虫方法近乎江湖偏方，或许是有用处的，但是对猫的副作用极大，樟脑强烈的气味虽然可以杀虫，对猫来说也是一种致命的折磨。对于现代养猫人来说，实在是没有必要尝试。

历史上，就有爱猫的作家信了这种江湖偏方，害得家中的好几只猫相继殒命。

---

[1] 原文出自《猫苑》。

女作家苏雪林从小就喜爱猫。多年之后，她在文章里回忆起少女时代养猫的憾事，还是觉得愧疚不已。她22岁那年，家里买了一只绿眼睛的黑猫，名字叫黑缎。这只黑色的母猫跟她十分亲昵，也很信任她。不久黑缎生孩子了，就生在楼上的空房里。

　　苏雪林就主动肩负起黑缎"保姆"的责任，比如喂水、送饭，还有对家里的熊孩子严防死守。家里的几个小孩子，听说黑缎生了小猫，都想去看，她都给拦下来了，因为见过这些熊孩子把蜻蜓的翅膀玩脱，所以她坚决不能让他们接近小猫们半步。

　　一个多月之后，黑缎渐渐带着长大了的小猫下楼玩，小猫也都很健康。有一天，苏雪林的小侄子惊慌地告诉她说："小猫身上有好多虱子！"苏雪林记得当年读私塾的时候，私塾先生说樟脑丸可以替猫除虱子，就决定试一试。她把樟脑丸碾碎，揪一只刚满月的小猫过来，在它的毛上揉搓，虱子确实立竿见影地掉了一层，在地面上清晰可见，可是小猫明显觉得很不舒服。她用同样的办法给另一只小猫和黑缎都驱了驱虫。黑缎也觉得很不舒服，驱完虫之后就像子弹一样冲出去，跑开了。

　　第三天，家里的女仆告诉她，小猫们在佛堂里发疯似的冲

167

撞了一夜，第二天早上都死了，应该是被樟脑的气味给熏死的。黑缎也不见了，最后看到它的时候，它在田垄上剧烈地呕吐，过去想抓住它时，它头也不回地奔走了，从此之后再也没有见过它[1]。

---

[1] 原文出自《猫的悲剧》。

（10）

嘴上说着爱猫的古代艺术家，
怎么能把猫画得那么丑

你在哪里见过丑猫？

猫奴们细细思量，纷纷摇头。

确实，全天下的猫奴都会认为，猫能丑到哪里去？圆圆的脑袋，或尖或方的下巴，天生占据脸盘二分之一的大眼睛，硬汉看了都生怜爱之心。

法国现代主义先驱诗人波德莱尔曾经盛赞猫的美貌："躺在我的心窝吧，美丽的猫，藏起你那锐利的爪脚！让我沉浸在你那美丽的眼中，那儿镶着金银和玛瑙。"

猫可爱、漂亮、精致、呆萌，这是猫奴们的共识。但是如果我们兴冲冲地翻开古代猫画，决定来一场跨越时空的"云吸猫"，我们的笑容将逐渐凝固。

从欧洲到中国，古代的猫画丑到能让猫奴的心脏漏跳半拍，让人看了直呼想戒猫。

不管世人是如何吹捧它们雍容华贵、可可爱爱，现代猫奴却实在是夸不下去嘴。古画里有各种丑出自己风格的猫，它们一般有着过于肥胖或过于瘦削的身躯，再加上比例失调的眼睛和耳朵——对于注重猫颜值的人来说，这是一种灾难。

根据我们有限的认知，我们已知猫的长相从古至今变化并不是很大，所以我们并不是针对猫，而仅仅是针对画猫的那些人发出灵魂拷问：猫咪那么可爱，怎么能把猫画得那么丑？

来自中世纪的灵魂画猫团队，如果他们不说这画的是一只猫，我们能把它们错认为除猫之外的任何不明生物。

时代的偏见，我们可以理解。中国古代艺术家笔下的丑猫则显示了他们对于猫的独特品位。

首先，我们看到来自明代的灵魂画手——仇英，带来他的传世之作《汉宫春晓图》。

仇英用他的画笔带着人们回到了热闹繁华的汉代宫廷，详尽地展示了汉代宫廷中的宫女、娘娘们是如何不负春光的。若是立起来看，这幅画只有一本书那么高，却足有 6 米长。在这个汉宫大"派对"的现场，有人下棋，有人喝茶，有人正准备弹琴，有人已经弹累准备撤了。就在这喧闹的现场，屋子里的凳子上，有只猫正高卧睡觉呢。仇英这幅画信息量大，但实际上尺寸很小，画中那只睡得正酣的猫大人，其实也就 1 厘米这么大，和一元硬币差不多大。

作为中国十大名画之一，《汉宫春晓图》中，仇英把酣睡中的猫大人画得也很细致。这只猫毛发量浓密，在春日的微风中轻轻飘动，闪烁着金丝般的光泽，它蜷缩成一只海螺卷，就是闭眼睡觉的样子感觉像是一只暴躁的狐狸，下一秒可能跳起来就能打人。

我们将视线转向另一位明代画家，外号"只要活得久，一切皆有可能"的文徵明老先生。文徵明和仇英是好朋友，也是猫奴。他还同祝允明、唐寅、徐祯卿并称为"吴中四才子"。

有趣的灵魂总会相遇，如果评选明代最溺爱猫的"铲屎官"，文徵明必须榜上有名。他本来住在市中心，为了给猫提供更大的生活空间，专门跑到乡下买了独栋别墅。有人说他太破费，他却说，乡下空气清新，院子又大，只要是为了猫好，一切都值得。

爱吸猫的文徵明活到了 90 岁。文徵明书画造诣极高，诗、文、书、画样样精通，人称"四绝"，是当时人望尘莫及的全才，诗宗白居易、苏轼，文受业于吴宽，学书于李应祯，学画于沈周。有外国学者认为，文徵明在当时中国的影响力整整持续了 300 年之久，从对艺术界的贡献上看，他相当于欧洲文艺复兴时期的米开朗基罗。文徵明的前半生并不是很出彩，他真正的传世之作基本上都诞生在其中老年，是大器晚成的典范。

在 2015 年的保利秋季拍卖会上，文徵明的《杂咏诗卷》以 670 个字的篇幅，拍出了 8165 万元的高价，平均一个字就值 12 万元，说是一字千金一点也不夸张。

爱猫的文徵明曾经画了一幅《乳猫图》，乳猫也就是小奶猫。

猫是世界上最可爱的动物之一，小奶猫更是世界第一可爱，圆圆的眼睛，粉粉的嘴巴，可爱到让人想抱着猛吸几大口。但是文徵明这幅画里的小奶猫却是凸眼龅牙、虎背熊腰，堪称小奶猫界的"泥石流"。

文徵明的《乳猫图》真迹不仅留存下来了，而且还被拍卖出去了。2006 年春季，这幅《乳猫图》以 16.5 万元的价格拍出，值得注意的是，这幅图上不仅有猫，而且还有一段长长的题字。

按照文徵明真迹一个字 12 万元的价格来估算，这幅《乳猫图》里面的猫就跟不要钱差不多。

文徵明的小奶猫哭晕在厕所，果然是个看脸的时代。

文徵明画猫独得他的老师——"明四家"之首沈周的真传。沈周那幅很有名的《写生册：猫》，现在收藏在台北故宫博物院，是镇馆之宝之一。沈周也养猫，名字叫作"乌圆"，可惜后来走丢了，沈周再也没有见过这只猫[1]。他时常想起这只猫，它虎头虎脑，野性十足，经常在他的书房里玩耍。沈周虽然觉得它顽皮，但是乌圆有一天真的走丢了，他还是会想念它富有活力的身影。在沈周高超的技巧下，乌圆呈现出几近正圆的形状，确实又黑又圆——这个从上往下的俯视镜头堪称"死亡视角"，显得乌圆肥硕无比，胖若两猫。

如果不是那个十分有存在感的猫头，你会以为这是个巨蟒之类的东西。

乌圆：从下往上拍显瘦！

沈周：乖，你真就这么胖。

在看了那么多猫之后，云吸猫的猫奴们终于迎来了春天，就是清宫旧藏《狸奴影》，一般人还真看不到，只有皇上在猫瘾上来的时候才能偷偷吸两口。

《狸奴影》是一个系列作品，是清宫四大西洋画师之一艾

---

[1] 原文出自《失猫行》。

启蒙的得意之作。他师从郎世宁，尤其擅长画动物。画中的十只猫分别是"妙静狸、涵虚奴、翻雪奴、飞睇狸、仁照狸、普福狸、清宁狸、苓香狸、采芳狸、舞苍奴"，是艾启蒙对着十只御猫描画而成的。艾启蒙深得郎世宁真传，熟悉动物解剖结构，画出的猫栩栩如生，眼睛又大又圆，可爱极了。

中国古代画家所画的猫，我们可能不能仅仅从好看不好看来看，一方面，因为在很长一段时间当中，中国画讲究的是写意，并不是像拍照片一样真实还原；另一方面，古代画家很早就注意到，在一天当中，猫的瞳孔会时大时小。正午的时候，猫的瞳孔在阳光下会变成一条细线，而在早上或者晚上的时候，瞳孔又会放大。对于古人来说，画细瞳孔的猫显示出当时是白天，人物和光线的搭配，包括画中树木、花朵的状态，都要和猫的样子相契合，以显示功力。

北宋欧阳修喜欢一幅猫画，将其挂在家中。有一次家中有客人来访，对这幅画赞叹不绝："这画中猫画得到位，正午的牡丹也很到位。"

"你怎么看出是正午的牡丹？"欧阳修好奇地问。

"你看，猫的瞳孔眯成一条缝，从时间上看应该是正午，阳光照射强烈，而画中的牡丹颜色稍微有点发干，正好是正午牡丹的样子。"

会吸猫的看门道，不会吸猫的看热闹。从此之后，别再说中国古人不会画猫了，毕竟我们这些凡夫俗子都是看脸，而艺术家们，或许才是猫真正的灵魂知己啊。

第四章

名流

近现代名人与猫

① 猫奴老舍的新年愿望

> 猫一眼就知道你喜欢它，还是不喜欢它。但问题是，它一点也不在乎。
>
> ——佚名

1924 年，一位举止儒雅的中国年轻人来到英国伦敦大学应聘汉语教师。他得到了一个职位，给在校的学生教授汉语。这个年轻人就是老舍。

老舍在英国的时候写过一篇文章，叫作《英国人与猫狗》。彼时的老舍并不是猫奴，他甚至认为，英国人对猫爱得太过火了：

"猫在动物里算是最富独立性的了，它高兴呢就来趴在你怀中，啰里啰唆地不知道念着什么。它要是不高兴，任凭你说什么，它也不搭理。可是，英国人家里的猫并不因此而少受一些优待。早晚他们还是给它鱼吃，牛奶喝，到家主旅行去的时候，还要把它寄放到'托猫所'去，花不少的钱去喂养着；赶到旅行回来，便急忙把猫接回来，乖乖宝贝地叫着。及至老猫不吃饭，或把小猫摔了腿，便找医生去拔牙、接腿，一家子都忙乱着，仿佛有了什么了不得的事。"

此时猫在英国已经成为平常人家的宠物，老舍看到英国人养猫像养孩子一样，觉得不能理解。

老舍还提到，英国人欢迎中国学生去家里做客，但是却不喜欢他们对家里的猫咪那么冷淡。英国人把猫当家人，不过对于当时很多的中国留学生来说，猫只是猫而已。他并不觉得中国人这样看待猫有什么问题，反而觉得英国人有些过了。猫是什么呢？作为一个贫苦出身的北京孩子，猫在老舍的印象里不过就是众多"牲口"中的一种。如果主家今天心情好，可以多丢块剩肉给猫吃，如果只是平平无奇的一天，并不需要给猫一个好脸色看[1]。

老舍不仅对猫无感，甚至还在文章中坦言，自己年少无知的时候，在一艘法国轮船上曾不小心吃过猫：

---

[1] 原文出自《英国人与猫狗》。

"也记得三十年前，在一艘法国轮船上，我吃过一次猫肉。事前，我并不知道那是什么肉，因为不识法文，看不懂菜单。猫肉并不难吃，虽不甚香美，可也没有什么怪味道。是不是该把猫都送到法国轮船上去呢？我很难做决定。"[1]

千万别被老舍一本正经的口气给骗了。这个人表面上说着猫没什么了不起，私底下就开始养猫。

老舍从英国回国之后，住在济南。那时候他风华正茂，担任山东大学中国文学系的副教授。他养的这只猫名叫"球"，一定是像球一样毛茸茸、圆滚滚的小猫。虽然起了个名字，但实际上，老舍经常唤它为："小球""小宝贝""小心肝"……

球那时候只有四个月大，是只十足的小奶猫，但是却在老舍面前制造了一起"血案"。老舍救了一只受伤的麻雀，本来是打算让它养好伤之后就将其放归自然，没想到就被球给扑住，旧伤加上新伤，基本上就跟死了差不多[2]。

不过老舍并没有责怪球，反而买了它爱吃的肝来感化它："我的好话说多了，语气还是学着妇女的：来，啊，小球，快来，好宝贝，快吃肝来……"

老舍在济南创作了著名的小说《猫城记》，这本 11 万字的

---

[1] 期刊文章《猫》，《新观察》，1959 年 8 月。
[2] 原文出自《小麻雀》。

科幻著作，直到今天仍旧是日本学术界最喜欢研究的中国著作之一，大概和它有个可爱的名字有很大关系[1]。1933年，老舍得了自己的第一个女儿——舒济，在给长女照的一张照片背后，老舍还高兴地题诗一首，把爱女和爱猫都写了进去：

爸笑妈随女扯书，

一家三口乐安居。

济南山水充名士，

篮里猫球盆里鱼。

得女儿是很开心的，有猫更快乐。

抗战爆发之后，老舍离开居住了四年的济南，又辗转去了重庆。

出来混，总是要养猫的。老舍用实力证明了这一点。

他在重庆居住时，又养了一只猫，叫咪咪。住的地方老鼠肆虐，他索性就给自己的住所起了一个名字叫"多鼠斋"。老鼠多到什么地步？老舍一方面去买了一只小猫，一方面还要担心它活不下去，被老鼠吃掉。毕竟当时的重庆据形容是"鼠

---

[1] 期刊文章《〈猫城记〉在日本的传播与中国形象塑造》，《戏剧之家》，2021年第 11 期。

大如象"，连猫都要被关在笼子里，不然一不小心就要被硕大的老鼠给吃了去。

这只小猫咪花了他两百多块，价值不菲。买的时候他心里就犯嘀咕，花大价钱买到的只是一只丑丑的小猫，而且身体羸弱得很，仿佛活不了很久的样子。更重要的是，买猫已经花了很多钱，所以他买不起肉或者小鱼干给猫吃了。老舍自责得很："猫是食肉的不应当吃素！"

没想到过了几天，小丑猫就会自己捉老鼠了，这让老舍高兴不已。

抗战胜利之后，赴美讲学的老舍受到周总理的邀请，回到了北京，担任作家协会副主席，同时搬进了在北京的丹柿小院。

这是老舍人生中最惬意的一段时光。儿子舒乙也说，养猫之后，老舍变得非常恋家。恋家到什么程度呢？

"他恋家到开政协会都要回家吃午饭，他自己觉得这个家特好。"

老舍出生在北京一个底层的家庭。他的母亲41岁的时候才生下他，他一落地母亲就昏迷了过去，旁边无人照顾。还是老舍的大姐恰好回家，才救了他一命。出生后的第二年，八国联军进攻北京城，在皇城当兵的父亲在交战中牺牲。父亲的去世让这个本来就很不富裕的家庭雪上加霜，老舍从小就没有很好的营养，所以身子很弱，三岁还不会走路，也不会说话。儿子舒乙说父亲"一天到晚偎在炕上，给他一个小棉花球，他能玩半天"。童年和母亲相依为命，老舍对母亲非常感激和尊重，从来没有对母亲说过狠话，除了婚事，老舍基本没有违抗过母亲的意愿。另一方面，受到母亲性格的影响，老舍也是个内心非常柔软的人，温柔，宽厚，从来不发火，而且非常恋家。家意味着温暖、舒适和安全。作为一个土生土长的老北京人，老舍向往闲适的生活，就像他笔下的猫，"乖乖的，会找个暖和的地方，成天睡大觉，无忧无虑，什么事也不过问"。

一个不爱猫的人，恐怕也很难爱其他人。我们都知道老舍是人民艺术家，他的作品有内涵，接地气，深受大众的喜爱。但是很多人不太知道的是，老舍还是一个宝藏作家，他兴趣爱好非常广泛，能文能武。在济南生活的时候，他拜著名的武术师父，少林、太极……十八般武艺都有涉猎。他出版的第一本书不是散文，也不是小说，而是一本叫《舞剑图》的武术专著，老舍负责文字，颜伯龙负责插图。有次台静农来拜访老舍，被他家里各种各样的兵器震惊了，他看了半天，只能勉强认出其中一把是红缨标枪。老舍在日本有不少读者。他会武术、有功夫的事情也传到了日本文坛。1965年，66岁的老舍到日本访问，日本学者城山三郎趁老舍不注意给他一拳，没想到被老舍轻巧避过，他对老舍更是佩服有加。

老舍脾气温和，在他的众多兴趣爱好中，他尤其爱养花，但是偏偏自家的小猫喜欢到花盆里玩耍，经常把稚嫩的花苗、枝藤弄得乱七八糟。老舍怎么办呢？自己的小猫咪，只能宠着。

丰子恺说，猫的可爱，可以说是群众意见。

这话说给老舍听，恐怕他也会一百个同意。

我们不妨再来重温一下小学语文课本，看看老舍是怎么把猫咪夸上天的。

老舍说，这些猫的性格确实有点让人捉摸不透，又懒散，又任性，要么是卧着一动不动，要么就是跑出家门一天都见不着，猫咪心情好的时候就使劲儿蹭你，懒得搭理你的时候怎么叫都叫不过来。

"它要是高兴，能比谁都温柔可亲：用身子蹭你的腿，把脖子伸出来让你给它抓痒，或是在你写作的时候，跳上桌来，在稿纸上踩印几朵小梅花。它还会丰富多腔地叫唤，长短不同，粗细各异，变化多端。在不叫的时候，它还会咕噜咕噜地给自己解闷。这可都凭它的高兴。它若是不高兴啊，无论谁说多少好话，它也一声不出，连半朵小梅花也不肯印在稿纸上！"

但是很有反差的是，猫又非常有勇气，不仅是捉老鼠的好手，就连遇上蛇也敢上前去比试比试，不愧是和狮子、老虎同属一科的猫科动物。

猫是可爱的，在老舍眼中，最可爱的是小猫，尤其是睁开了眼睛会淘气的小猫。

"一玩起来，它们不知要摔多少跟头，但是跌倒了马上起来，再跑再跌。它们的头撞在门上，桌腿上，和彼此的头上，撞疼了也不哭。它们的胆子越来越大，逐渐开辟新的游戏场所。它们到院子里来了。院中的花草可遭了殃。它们在花盆里摔跤，抱着花枝打秋千，所过之处，枝折花落。你见了，绝不会责打它们，它们是那么生气勃勃，天真可爱！"

老舍曾在《新年的梦想》中写到，其实他对生活的期盼很简单，就是希望家中的小白女猫，再生两三个小小白猫而已。

老舍生前很喜欢一枚印章，上面刻着："数百年人家无非积善，第一等好事还是读书。"对于我们现代人来说，缅怀这位温良、有趣作家最好的方式，就是多读读他写的书，再找找书中的小可爱啊。

② 爱猫人的"京圈"——猫奴的朋友也是猫奴啊

很多人看了《爱猫之城》后，觉得伊斯坦布尔是爱猫之城，实际上，北京城也算得上一个。

老北京人养猫历史悠久，明代就有专门的机构养猫，叫作猫儿房。嘉靖皇帝最喜欢的猫叫霜眉，霜眉去世的时候他还下令"金棺葬猫"，可以说是极尽恩宠。

老北京人老舍养猫，老舍的朋友也是猫奴。

人们总是说："文人相轻"。确实，知识分子扎堆的地方是最复杂的地方，他们博学又高傲，热心又古怪。不过有一种动物和文人的气质很合，就是猫。

在近代中国历史上，有不少文人都是猫奴，而如果将猫作为线索的一头去穿针引线，这根长长的线上不仅有众多我们耳熟能详的文化人，而且，还环环相套，别有生趣。

1954年，周恩来总埋在中南海家里设宴，邀请了三对文艺界的朋友，老舍夫妇、曹禺夫妇和新凤霞夫妇。这三对夫妇里面，有两对都是猫奴。

新中国成立后，25岁的新凤霞从天津来到北京打拼，并一炮而红。她长相甜美可人，嗓子清亮透彻，迅速成为人民群众最喜爱的女明星之一。而且因为她配合着《新婚姻法》的颁布，演唱了《刘巧儿》，更是被誉为"共和国第一美人"。周总理和老舍都喜欢听新凤霞的戏，而老舍更是热心地给新凤霞做媒，介绍了一位儒雅的导演给她认识，就是吴祖光。和新凤霞不同，吴祖光出身书香门第。老舍给新凤霞介绍吴祖光，自然不仅仅是因为他家世显赫，而是他打心眼儿里觉得吴祖光踏实、厚道，是个值得新凤霞托付终身的人。旧社会的戏曲演员，往往被人称作"戏子"，在台上的时候捧着，下了台就被看轻，甚至被贬低。老舍是新凤霞的好朋友，他自然要挑人品好的介绍给新凤霞。

新凤霞后来在书中回忆有关吴祖光的一件小事，是老舍反复念叨的，那就是在重庆，有个乡下小青年给吴祖光打扫卫生，他总是光着脚，吴祖光看他没有鞋，特意选了一双皮鞋送给他。可是这个年轻人没穿过皮鞋，不知道还要分左右脚，穿一天下来，脚都磨破了，直喊疼。这时候刚好老舍来找吴祖光，看见他正蹲在那里给年轻人揉脚，还非常耐心地告诉他，皮鞋怎么穿，怎么分左右脚[1]。

新凤霞的女儿吴霜回忆说，在她6岁的时候，爸爸给她抱回来一只猫。这只猫是从爸爸的好朋友夏衍那里抱回来的。因为吴祖光是作家和编剧，平时要写东西，猫总是会跳上书桌，弄乱桌子，他就教育猫说："离我一尺远。"可猫咪还是照玩不误，吴祖光也不气恼。其实吴祖光并不是很喜欢猫，但是却愿意为了妻子和女儿去养猫。

为什么呢？女儿吴霜说，爸爸给自己养猫大概有两个原因，一个原因就是自己太闹了，想用猫分散她的注意力；另一个原因就是想让她去学习怎样照顾小动物、照顾人。

而吴祖光也深知，妻子新凤霞也爱猫，只是她一路打拼过来，没有养猫的条件。所以在结婚之后的平和日子里，他尽量弥补妻子的童年缺憾。

新凤霞出身贫寒，从小为了生计要学戏。那时候天津的穷苦人家一般都住平房，盖房子用的砖很贵，但是老鼠偏偏喜欢

---

[1] 图书《美在天真：新凤霞自述》，山东画报出版社，2017年版。

在墙上打洞，撕咬家具、衣服，啃坏食物，所以很多穷人家养猫主要就是为了防范鼠患，保护财产。新凤霞住在贫民区，家里养了一只鸳鸯眼的小花猫。作为出生在穷苦环境，从小就要学戏养活自己的女孩，猫只是家里的工具，能捕鼠就留，不能捕鼠就撵走。确实，当时人都活不起，更何况养一只猫呢？这也是要吃饭的一张嘴啊。

养猫养狗在家里长辈看来，都是玩物丧志，所以她从不敢在人面前对猫好。但是为了给小猫改善伙食，她经常去翻垃圾箱，只是想给它找些倒掉的残羹冷炙；她出门回家多绕一些路，就是为了给它买点小猫鱼。因为怕猫跑丢，她训练它不许跑出大门，小猫就每天蹲守在楼道处等她。

"……我家的小花猫，我十分用心伺候。出门去，手里抱着小花猫前头走，后跟着一条黄狗，我心里可高兴了。但不敢在家里抱着猫、狗，因为伙计太多，没有闲工夫。小花猫一只黄眼睛一只蓝眼睛，两只长毛大耳，走路一扭一扭的，是个公猫，可爱极了，性格非常温柔。为了它我天天去扒垃圾箱，找鱼肠子、鱼头、鱼尾；喊嗓子回来宁愿多绕几条街，去南门大街买小猫鱼。"[1]

---

[1] 图书《美在天真：新凤霞自述》，山东画报出版社，2017 年版。

20世纪60年代，末代皇帝溥仪从抚顺战犯管理所被特赦，回到北京之后，他和新凤霞等人一起，在北京参与劳动改造。溥仪就曾经回忆说，他当年是很喜欢养狗的，在宫中也养了很多猫，这些宫猫都有专人饲养。"我曾养过成屋子的各种各样的鸟，大批的猫，大群的狗，满院子的缸里养金鱼，骆驼、牛和猴子等也饲养过。"[1]溥仪的弟弟溥杰也是个猫奴，还给自己的猫起名叫大黄。

新凤霞中年的时候开始跟着齐白石学画画，是齐白石的弟子。而齐白石也欣赏新凤霞，觉得她人好戏也好，于是收了新凤霞当干女儿。为了表达自己的欣赏，他专门把新凤霞叫到自己的画室，从柜子里取出一卷画，大幅的白纸，每张上面却只画一两只小小的草虫：蜻蜓、蝴蝶、蜜蜂、知了。他让新凤霞随便挑，新凤霞就拿了最上面的一张知了。老人把纸铺在画案上，提笔画了一幅秋天的枫树，这只秋蝉就趴在枫树枝上。齐白石题了字，把画送给新凤霞，没要钱。

齐白石年轻的时候在家乡做木工，后来经人指点转向画画，画得还不错，在当地小有名气，卖画刻章也足以养家糊口。但是因为湖南战乱，没有办法，55岁那年，齐白石离开家

---

[1] 图书《我的前半生》，北京联合出版公司，2016年版。

里的父母和妻子，独自北上漂泊。齐白石70岁之后，逐渐名满天下，前来求画、买画的人很多。不过老头儿卖画从来都是明码标价，再好的交情，也要给钱。

他写了一张告白，常年贴在客厅："卖画不论交情，君子有耻，请照润格出钱。"

还有一张购买须知："花卉加虫鸟，每只加10元，藤萝加蜜蜂，每只加20元。减价者，亏人利己，余不乐见。"

老头儿最讨厌讨价还价，他规定一只虾10块钱，但是有人只给5块，他要么就画一只半，要么就把另外一只画得半死不活的。买家觉得看起来不对劲，问他为什么，他说，这价钱也就能买到这种虾吧……

在齐白石家里，他不仅主外，而且主内。

黄永玉在《比我老的老头》里面写道，他年轻的时候去拜访齐白石老先生，特地到西单买了四十多只大螃蟹，作为见面礼。齐白石看见他拿来的螃蟹很高兴，不过，在阿姨蒸螃蟹之前他还要数一下，一共44只，这才放心让阿姨去蒸。

齐白石的门房是个孤老爷子，叫老尹，据说是清末的太监。虽然他在宫里被克扣惯了，但是到齐白石这里还是有点不习惯。老人常常不给工钱，拿自己的画抵，而且定时、定期、定尺寸。门房没办法，就兼职在门口卖画换钱，说起老板的抠门来，满满都是泪。

　　这些都是小范围流传的段子，比这些段子更广为人知的，是齐白石家里的一盘点心。当时齐白石已名满京城，他的待客之道比较规范，每次有他的客人或者弟子来，他都会亲自打开一个大柜子，柜子里面有小盒，小盒子再打开，就是招待客人用的点心。这些点心不知是何年何月的，拿出来之后摆一会儿，再放回去，可以循环使用。

　　老人收了"评剧皇后"新凤霞当女弟子，很高兴，让她第二天带着吴祖光一起上门做客。两人如约到齐家，齐老摸出怀里那一长串钥匙，亲自打开一个中式大立柜，两人见到了那在北京城有头有脸的圈子里十分著名的"点心"——"这些点心大部分已经干了、硬了，有些点心上面已经发霉长毛了，可我们还是高兴地吃了一些……"

　　黄永玉也亲眼见过这著名的"点心"，不过他提前做过功课，只是看看，没吃。

　　"老人见到生客，照例亲自开了柜门的锁，取出两碟待客的点心。一碟月饼，一碟带壳的花生。路上，可染已关照过我，老人将有两碟这样的东西端出来。月饼剩下四分之三；花生是浅浅的一碟……寒暄就座之后，我远远注视这久已闻名的点心，发现剖开的月饼内有细微的小东西在活动；剥开的花生也隐约见到闪动着的蛛网。这是老人的规矩，礼数上的过程，倒并不希望冒失的客人真正动起手来。天晓得那四分之一块的月饼，是哪年哪月让馋嘴的冒失客人干掉的！"[1]

齐白石养猫，也画猫。他戒心重，疑心大，唯一对猫百依百顺，毫不防备。

在1948年的一张珍贵的照片中我们可以看到，齐白石作画的时候，有只猫就靠在他的手腕边，全程观看。

他画的是螃蟹和对虾，他的笔移动到哪里，猫的视线就跟到哪里，颇有趣味。齐白石画猫不算多，但他笔下的猫都很贵，其中《油灯猫鼠》是老人的得意之作，2009年的时候以448万元的高价卖出。

齐白石中晚年还有个亲密的朋友，叫夏衍。夏衍是翻译家、收藏家、社会活动家，1929年同鲁迅一起筹建了中国左翼作家联盟，新中国成立后还曾担任过文化部副部长等职位。夏衍热爱收藏，他中年之后，非常喜欢齐白石的画作，经常是收到稿费之后，就跑去买齐白石的画。齐白石对于这样阔绰的"粉丝"也非常赞赏，在他93岁赠给夏衍的《墨蟹图轴》的题款上，我们能看到"夏衍老弟"这样亲密的称呼。

---

[1] 图书《比我老的老头（增补版）》，作家出版社，2007年版。

新凤霞家的猫是夏衍送的，大概是因为老北京养猫有讲究，卖猫象征着破产，亲朋好友之间送猫才显得喜庆。夏衍不仅送猫给朋友，而且还喜欢给朋友家的猫起名字。冰心家也有一只猫，是一只白猫，但是头和尾巴都是黑色的，老北京人把这种猫叫"鞭打绣球"。冰心老人见人就夸，说自己的小猫咪是稀世珍宝，格外名贵。冰心老人本来给这只猫起了个很普通的爱称，就叫"咪咪"。夏衍则翻看古籍，说这种猫不叫"鞭打绣球"，应当叫"挂印拖枪"，因为它身上的黑点是"印"，黑尾巴是"枪"。

夏衍爱猫在文艺圈是很有名的，而他的猫通人性在文艺圈更是有名。熟识夏衍的人曾记录过这样一件真事：在"文革"期间夏衍被关押，一直照顾他生活的老保姆就带着两只狸花猫在老宅里等他。还没等到夏衍回来，老保姆先行去世。夏衍被释放之后，第一件事就是回家找自己的猫，已经过去了8年，小猫早已经熬成了老猫。老猫见到"铲屎官"回来，拖着已经病入膏肓的身子围着他转，去蹭他，之后就消失不见了。第二天，在床下的角落里，这只猫已经永远闭上了眼睛。

猫一般不会像很多其他动物一样，畅快热烈地表达感情，但是"猫是不会轻易去爱一个人的，它们会审视观察很久。可是猫如果爱你，就会一直爱你"。

猫把野性都留给了外人，把温柔和忠诚都留给了主人。

"这是一只多么忠诚的猫，多么讲信义的猫。它善良，有人性，讲人情；它要付出多大的毅力才能支撑自己活下来。它一定有一个坚定的信念，相信自己的主人，确信主人一定会回来的。……它待人的感情是庄严又温暖的……"[1]

老北京的胡同里，经常有猫出没。马未都说他早年看过梁实秋的一篇文章。那时候梁实秋还住在北平的胡同里，经常有一只野猫不知分寸地划破他家的窗户纸，窜入屋内，弄乱他的书桌，弄脏他的屋子。那时候的梁实秋对猫"毫不感冒"，便嘱咐家里的厨师说一定要想办法把猫赶走，而且，千万别让它再回来了。厨师照办。

不出所料，猫再次划破窗户纸登堂入室，厨师很快就把那只不知天高地厚的猫抓住，欲取它性命。虽然对猫无感，但是梁实秋也并不想残害生灵。厨师会点旁门左道，既然不能就地正法，那就让它永远不敢再回来吧。他用细铁丝在猫身上下套，然后再将铁丝另一头拴上一只空铁皮罐头，猫受到惊吓之后狼狈出逃。梁先生和厨师都确认，它这次真的不会再回来了。

---

[1] 图书《猫啊，猫》，山东画报出版社，2004 年版。

当天晚上，梁实秋准备就寝。只听窗外有铁皮罐头击打树干和窗棂的声音，他只觉得心惊，没过多久，刺啦一声，窗户纸又破了，猫回来了！它和梁实秋对视一眼，只见它那瘦弱肮脏的身躯迅速爬上了书架。梁实秋追着猫跑了过去，踩上高凳朝书架顶上定睛一瞧，几乎要垂泪：原来这是一只母猫，正拥着四只嗷嗷待哺的小猫在喂奶。梁实秋和母猫四目相对，这只母猫眼神中都是警惕和恐惧，但还是一动不动地保持着喂奶的姿势。

或许哪天在胡同里倏然一闪的生灵，就是那只母猫的后代吧 [1]。

[1] 图书《Lens·目客 004·猫：懒得理你》，中信出版集团，2016 年版。

③

稀有的狮子猫，让多少人甘当猫奴

中国古代有一本奇书叫《金瓶梅》，在这本书里面，猫担任了一个很恐怖的角色。

而猫之所以会担任这样的角色，还是拜它的主人潘金莲女士所赐。

作为西门庆的众老婆之一，潘金莲恨极了李瓶儿母子，时时刻刻都想要了李瓶儿的儿子官哥儿的命。而官哥儿，正是西门庆唯一的儿子。

潘金莲对于李瓶儿的怨恨来得有理有据，首先李瓶儿在嫁给西门庆之前，是京城的小富婆，她嫁给西门庆的时候给西门家带来不少金银细软，这让经商逐利的西门庆很知道李瓶儿在家中的分量。而相比之下，潘金莲则更像是玩物，除了美貌，没有太大的实用价值；李瓶儿还为西门庆诞下了儿子官哥儿，母凭子贵，这更是让她在众太太中风光无两，独得西门庆恩宠。

嫉妒到发狂的潘金莲想出一计。潘金莲这一计又巧妙又毒辣，为后来的宫斗剧贡献了很好的思路。在《甄嬛传》中，皇后就是用非常类似的一招滑掉了富察贵人的胎。

是个什么思路呢？

潘金莲是个猫奴，她养了一只浑身雪白但额头上带一道黑的狮子猫，名叫雪狮子。书中这样形容雪狮子："白狮子猫儿，浑身纯白，只额儿上带龟背一道黑，名唤'雪里送炭'，又名'雪狮子'。"

雪狮子本来只是一只小猫咪，不仅从来不攻击人，而且智商很高，在潘金莲有意无意的训练下，它总是能给她叼回来汗巾和折扇。官哥儿天真无邪，小小年纪就喜欢吸猫，经常去找雪狮子玩。看似其乐融融的温馨场景，在被人蓄意谋划之后，变得暗藏杀机。

这天，雪狮子照旧叼回折扇送给主人，跟潘金莲卖萌求抱抱，潘金莲宠溺地把它揽在怀里，眼睛一转，主意来了。

潘金莲发现官哥儿经常穿大红衣衫，于是她每天给雪狮子喂食的时候，都会在肉外面包一块红绸布。雪狮子喜欢吃生肉，它每次朝着食物扑过去的时候，必须把红绸布胡乱撕开才能够吃到食物。

李瓶儿并不知道潘金莲的诡计，还是照常让自己的儿子跟雪狮子一起玩。结果某一天，官哥儿又换上了那件大红衣衫，雪狮子看见红绸布，悲剧发生了。

官哥儿没有当场毙命，只是被吓了个半死。但最后也没救活，慢慢死掉了。

一手策划整个事件的潘金莲看似是人生赢家：她的猫间接杀死了西门庆的儿子，除掉了她的心头大患；儿子死了等于要了李瓶儿的半条命，潘金莲搞垮了情敌李瓶儿，稳住了自己在西门家的位置。

西门庆并没有责备潘金莲教导无方，而是直接冲进潘金莲的房间，拎起极度恐惧的狮子猫，拿到院子里摔死了。

狮子猫就成了整个事件当中的替罪羊。

论恶毒，潘金莲女士敢称第二，估计没有人好意思称第一。不过在作者笔下，潘金莲的脑子还是有点好使的，她训练猫的那套方法，后来在 20 世纪初被一个叫巴普洛夫的俄国科学家发现，命名为"条件反射定律"。

近年来有学者考证，为什么《金瓶梅》中会反复出现狮子猫的意象呢？因为作者很可能是在山东临清这个地方把这本千古奇书《金瓶梅》写出来的。

《金瓶梅》是不是在山东临清写的？这已然成了一个不大不小的学术问题，尚在讨论中，但是狮子猫却给我们留下了很深的印象。

临清狮猫是中国特有的昂贵猫咪。关于临清狮猫的来源说法很多，比较主流的说法是它是波斯猫的后代。唐宋时，朝廷接受外邦进贡，原产于波斯地区的长毛猫开始在宫廷出现，这是波斯猫最早传入中国的记载。除了国礼层面的交往，另一路波斯猫沿着陆路或水路，随着波斯商人来到中国。出于运输的便利，波斯商人往往会选择水路交通方便的枢纽定居，这样方便以此为据点，将自己的产品辐射到全中国乃至全世界。临清就是这样一个绝佳的交通枢纽。临清位于山东西北，在隋唐时是从洛阳到北京的必经之地，明清之际依然是水路交通的枢纽。众多波斯商人从山东临清登陆，当他们上岸之后，顺便也带来了原本属于西域的精灵——波斯猫。波斯猫传入中国之后，当地人将波斯猫和本土猫杂交，于是诞生了一种酷似小狮子的猫——临清狮猫。

中国宫廷的贵人们尤其喜欢长毛猫，在宋明以来的宫廷猫画中，里面的猫绝大多数都是长毛猫，有些是进贡的波斯猫，有些则是临清狮猫。史书形容临清狮猫比一般的猫体格更大一些，通身雪白，尾巴能垂到地上，领毛、胸毛、腹毛能把四爪严密覆盖，其中以一蓝一黄鸳鸯眼的狮猫最为稀有。而且坐有狮相，贵不可言[1]。在佛教中，狮子隐喻着无边的法力，在本土宗教道教中，狮子也代表着仙禽异兽，总之非常华丽贵气。从王公贵族到富裕阶层，当时的猫奴都争着做狮猫的"铲屎官"。

陆游曾经记载，南宋秦桧的孙女崇国夫人丢了一只狮猫，她把临安城翻了个底朝天，也没有找到自家的狮猫，可见狮猫在当时的受宠程度。明代皇帝对狮猫也喜欢得要命，其中以明世宗朱厚熜的狮猫霜眉最为有名。霜眉去世，差点要了朱厚熜这个老猫奴的半条命，好在猫儿房又及时给皇帝挑选了一只狮猫，这才让朱厚熜稍稍心安了些。皇帝高兴，周围的大臣也舒了一口气，不然这有"重度猫瘾"的皇帝，指不定又要干出什么荒唐事。

和猫相比，狗更得清代人的喜爱，但狮猫依然受宠。著名思想家龚自珍来到长安，看到高门大户中的狮猫，写下了一首诗：

---

[1] 原文出自《临清县志》。

缱绻依人慧有余，长安俊物最推渠。

故侯门第歌钟歇，犹办晨餐二寸鱼。

——清 龚自珍《忆北方狮子猫》

晚清时长安城中的没落贵族们，每天依然要给自己家的狮猫老老实实准备小鱼干。

临清狮猫本来是地方给朝廷的贡物，它们在宫廷逐渐失宠之后，便逐渐开始流落民间。一些富裕家庭没落之后，作为宠物的狮猫就会被弃养，狮猫的品种和血统也开始混乱。20世纪80年代末，狮猫开始"墙内开花墙外香"，外销海外，临清市政府开始培育这种猫，并大量送往北京，或许这也就是北京的长毛狮猫数量更多的原因。过去，很多北京老太太喜欢说，自己家养了一只波斯猫。纯白色且毛长的异瞳猫，一般都被叫作波斯猫，其实就是狮猫，或者仅仅是大白猫而已。

女作家宗璞也爱狮猫。她本名冯钟璞，是著名国学大师冯友兰之女。冯友兰先生在1952年之后一直在北大哲学系任教授，宗璞也随父亲一起一直住在燕园，终其一生，她都和父亲保持着非常亲密的关系。冯友兰先生曾说，他一生能够畅游纯粹的精神世界，要感谢三位伟大的女性做他的坚强后盾，一位是他的母亲，一位是他的妻子，还有一位就是他那极孝顺的女儿，就是宗璞[1]。宗璞出生于1928年，她养第一只狮猫是在20世纪70年代，算下来那时候她大概是40岁[2]。她养过三代狮猫，第一代是雪白的毛发，碧蓝的眼睛，她为其起名叫"狮子"，这只狮猫不幸被人用鸟枪打死。它留下一只"花花"，是只长毛三花猫，后来花花生了病，离家出走了。花花留下了两只猫，一只叫"媚儿"，一只叫"小花"，都是长毛狮猫，以至于宗璞看着短毛猫总是不习惯："看惯了，偶然见到紧毛猫，总觉得它们没穿衣服。"

北京大学终身教授、印度佛教研究学家季羡林先生住在北大燕园的时候，也养过好几只长毛猫，其中就有狮猫。

季羡林先生是山东临清人，临清最著名的特产就是狮猫了。他出生寒门，早年生活颇不平静，没有养猫的条件，季羡林先生是从晚年在北京生活安定下来后，才开始养猫的。

《老猫》是1992年他在《散文》杂志上发表的文章，那时季老已经81岁了。在这篇文章里，季老说自己14年前才养了第一只猫，叫虎子，是一只狸花猫。按这个时间点来倒推，季老应当是67岁才开始养猫的，看来，猫奴是不分年龄的。

季老开始养猫之后，白天带着猫在燕园散步，晚上让猫躺

---

[1] 图书《向历史诉说》，人民文学出版社，2017年版。
[2] 原文出自宗璞《猫冢》。

在自己的被子上睡觉，吃饭的时候也要丢些鸡骨头、鱼刺给它们吃，用他的话说，鸡骨头、鱼刺就相当于猫咪的燕窝、鱼翅呢。

第一只狸花猫虎子来到家里后，又有人给季老送了一只纯种白色波斯猫，季老给它起名叫咪咪。虎子个性暴烈，咪咪则温柔敏感。季老回忆说，自己的外孙有次打了虎子，从那之后，虎子见着这个熊孩子就张牙舞爪地想咬他，季老也不拉偏架，反而夸自己的虎子是非分明。小外孙没办法，每次到季老家里面，都要抓根竹竿防身，以防万一："得罪过它的人，它永世不忘。我的外孙打过它一次，从此结仇。只要他到我家来，隔着玻璃窗子，一见人影，它就做好准备，向前进攻，爪牙并举，吼声震耳。他没有办法，在家中走动，都要手持竹竿，以防万一，否则寸步难行。"[1]

咪咪比虎子小三岁，大概在它七八岁的时候，就已经显现出老态，最明显的表现就是大小便失禁。家人来看季老时，屋子里经常是一股猫尿味儿，咪咪还特别喜欢在稿纸上撒尿。但是季老却坚决不允许家人教训猫，而且发誓，从养猫那一天开始，就绝对不会动猫一根手指头，哪怕是它们做了特别过分的事情："我谨遵我的一条戒律：决不打小猫一掌，在任何情况

---

[1] 原文出自季羡林《老猫》。

之下，也不打它。"

不久之后，咪咪病重，季老有天夜里突然惊醒，发现咪咪没有在他的床上睡觉，披衣起床就出门寻找。他打着手电出门，漆黑的夜里角角落落里的白影都像是咪咪。但是终究没有找到，季老这才想起来，老话说猫死之前会找个隐蔽的地方藏起来，怕朝夕相处的"铲屎官"看到自己终老的样子会伤心。

因为咪咪的离世，季老伤心了好一段时间："从此我就失掉了咪咪，它从我的生命中消逝了，永远永远地消逝了。我简直像是失掉了一个好友，一个亲人。至今回想起来，我内心里还颤抖不止。"

为什么会这样？

"我这样一个走遍天涯海角饱经沧桑的垂暮之年的老人，竟为这样一只小猫而失魂落魄，对别人来说，可能难以解释，但对我自己来说，却是很容易解释的。"

咪咪去世之后，季羡林的老伴也在不久之后离开人世。人猫俱老，这让季老感觉十分孤寂。了解到这一点的朋友们，又先后送给他了四只白猫，其中就有来自老家临清的狮猫。

季老吸猫上瘾，却跟家里闹出了不少矛盾。季老的儿子季承在回忆录里抱怨说，父亲养的猫生跳蚤，一到夏天，他的小腿上全是跳蚤的咬痕。季老并不在乎家里人对猫的看法，反而是家里人越反对，他养猫的决心就越坚定。老伴去世一年之后，季老于 1995 年与自己的独子季承关系闹僵，直到季老住院期间父子俩才重归于好。至于原因，说法众多，有人说是因为父子之间本来就积怨已久，还有人说是因为季承第二段婚姻的选择季老不能接受，还有人说是因为季承对父亲捐赠字画等行为不满意。总之，父子决裂这 13 年间，儿子季承的第二段婚姻是娶了季老的保姆，这个保姆比季承年轻 40 岁有余，季老则继续养猫，牵挂猫。

家中的琐事季老在晚年的文章中并没有多谈，或许他知道，说得多了，也只是留人话柄。2003 年起，季老已经开始长期住院，在住院期间，他只回过三次家。第一次回家的时候，他养的狮猫从角落里"喵呜"一下就扑了过来，老人触景生情，流泪了。因为住院，不能够时时回家探望猫，他就委托管家照看。管家代管了很长时间，后来这只猫也莫名其妙不见了。猫丢了之后，管家去医院探望季老，季老在病榻上，见面便问他猫怎么样了，他无言以对 [1]。

---

[1] 出自季羡林管家口述。

（4）

弘一法师李叔同、夏丏尊和丰子恺：
猫儿相伴看流年

2017 年，朴树在录音棚里演唱《送别》：

> 长亭外，古道边，芳草碧连天。
> 晚风拂柳笛声残，夕阳山外山。
> 天之涯，地之角，知交半零落。
> 一壶浊酒尽余欢，今宵别梦寒。

还没有唱完，他就泪如雨下。

朴树在多个场合说，若能写出《送别》这样的词，此生无憾，也有人评价说，《送别》这首词在百年以来，无出其右者。

而它的作者，正是弘一法师李叔同。

《送别》的创作时间有两种说法，一种说法是李叔同在杭州师范学校当教师的时候所作，那时候他目睹自己的朋友落魄，在大雪纷飞的夜里填下这首词；另一种说法是李叔同在日本时所作，那时候他刚刚丧母，哀戚的心情挥之不去，而曲调的原作者美国人约翰·庞德·奥德威写出这首《梦见家和母亲》，正表达了渴望回家与母亲相聚的感情。

李叔同并不只是一个诗人或者词作家，他的身份很多，他是新文化运动和中日文化交流的先驱，是中国话剧的奠基人，是将西方乐理传入中国的第一人，是作家、诗人，是一位高僧，他还是丰子恺等人的老师，以及偶像。

名贯中西的学者林语堂曾经评价李叔同说："他是我们时代最有才华的几位天才之一……也是最遗世独立的一个人。"

就连心高气傲的张爱玲都说："不要认为我是个高傲的人，我从来不是的——至少，在弘一法师寺院围墙的外面，我是如此的谦卑。"

作为中国近现代文化史上"教父"级的人物，作为大师的老师，李叔同的一生波澜壮阔，堪称是从朱门到空门的典范。

1880年，李叔同出生于天津的河东桐达李家。这是一个望族，父亲李世珍（李筱楼）本是进士，还和权臣李鸿章是同一年的进士。和自己的老朋友官场得意不同，李世珍看不惯官场黑暗，转而回家继承家业，在天津名赫一时。家中主营盐业和银钱业的李叔同是当之无愧的豪门贵子，从小锦衣玉食。李叔同父亲早死，母亲爱好不多，就喜欢去梨园听戏，也喜欢带着幼年的李叔同去听戏。人生如戏，戏如人生，从小就饱受传统音乐和历史典故熏陶的李叔同在16岁的时候，就写下了"人生犹似西山日，富贵终如草上霜"这样的诗句，时隔一个多世纪，我们仍然能够感受到其中的细腻和苍凉。

丰子恺曾经这样评价自己的这位恩师，字里行间都是掩饰不住的崇拜："我崇仰弘一大师，是因为他是十分像人的一个人。"李叔同早年孟浪，喜欢出入风月场所，结交了不少倡优和名妓。不仅结交，他还会指点她们的唱腔和身段，李叔同的初恋，就是天津的名妓杨翠喜。父亲的老友李鸿章签订《辛丑条约》之后，吐血而死。局势风云变幻，李叔同带着母亲去了上海，在这个灯红酒绿的东方巴黎，但凡是见过他的人，都称赞他是一等一的翩翩公子："丝绒碗帽，正中缀一方白玉，曲襟背心，花缎袍子，后面挂着胖辫子，底下缎带扎脚管，双梁厚底鞋子，头抬得很高，英俊之气，流露于眉目间。"[1]

最敬爱的母亲去世之后，他剪掉辫子，换上洋装，远赴日

---

[1] 图书《缘缘堂随笔》，江苏人民出版社，2016年版。

本留学。在日本他先是考取了东京美术学校，之后又在音乐学校学习乐器和编曲，为了更好地弹奏钢琴，他甚至狠下心来去做了指膜割开手术。

他在日本组织话剧社春柳社，1907年春为了举行义演，李叔同在《茶花女》中扮演茶花女，波浪卷发，白色长裙，盈盈细腰，眉头微蹙，扮相十分惊艳，后来李叔同成为将话剧引进中国的开山鼻祖。也难怪周恩来总理嘱咐曹禺说："你们将来如要编写《中国话剧史》，不要忘记天津的李叔同，即出家后的弘一法师。"周恩来在1913年考到南开，南开的校长就是1860年出生于天津的严修，他曾经称赞周恩来有"宰相之才"，而李叔同经常到严修府上探讨学问和维新思想，他的侄子李麟玺在南开的时候还曾经和周恩来一起同台演戏。

李叔同也是小小年纪就当上了"铲屎官"，多的时候养过十来只猫。和很多小孩不尊重动物甚至喜欢"虐"小动物不同，李叔同对这些动物很慈悲，他"敬猫如敬人"，尊重猫就像尊重人一样，有时候甚至更尊重猫。

老天津民俗会把"来猫去狗"作为家族兴旺的征兆，或许我们可以理解为，猫作为纯食肉动物，能养得起猫的人家都是殷实的人家，而李叔同家能养得起这么多只猫，真不是一般的阔绰了。李叔同离开天津的时候是20岁左右，去日本留学的时候是 26 岁，家里一直养着这些猫，不离不弃。而他在给别人写信的时候，有一个特别的落款，叫作"天津猫部"，这可以说是爱猫人的小心思了。直到现在，李叔同故居还有不少猫咪生活在其中。有人曾经问故居的保安，这里怎么有这么多猫啊，保安想了想，脱口而出：因为大师喜欢猫啊！

天津人爱猫，富家养猫，普通人家也养猫，毕业于南开大学的作家靳以就在他的文章《猫》中写道：

"当着我才进了中学，就得着了那第一只。那是从一个友人的家中抱来的，很费了一番手才送到家中。她是一只黄色的，像虎一样的斑纹，只是生性却十分驯良。那时候她才生下两个月，也像其他小猫一样欢喜跳闹，却总是被别的猫欺负的时候居多。"

有位低调的天津民俗学家顾道馨曾经撰写天津《猫谱》，从中可以看出天津人养猫的讲究。首先从大类上将猫分为狮子猫和普通猫两种。在普通猫当中，根据毛色等的不同，也有不同的分类，比如说黑白黄三色的猫，我们现在一般叫"三花猫"，老天津人就称其为"带女儿"，因为三花猫一般是母猫；有虎斑纹的就直接叫"花猫"，花猫长大就叫"大花猫"；白毛中有片片黑毛的形象地称其为"石头云"；嘴巴周围有杂色毛的叫"蝴蝶儿嘴"；普通猫中最上品的猫就是通身黑亮如缎的黑猫，在当时人看来有辟邪、招财的功能；除了黑缎色，通身纯白也是顶级的猫，而如果猫两只眼睛的颜色不一样，比如一个是蓝色一个是黄色，我们现在叫"鸳鸯眼"，老天津人称其为"玉石眼儿"，那就是极品中的极品。

所以由此来看，靳以家的猫应该就是一只可爱温顺的"花猫"。

1905年，怀着丧母的悲痛，李叔同去了日本留学。给家里拍电报的时候他询问家中的情况，非常关心家里的猫："在东京留学时，曾发一家电，问猫安否？"

后来他的学生丰子恺写道："如果他（李叔同）母亲迟几年去世，恐怕他不会做和尚，我也不会认识他。"

说到弘一法师出家的因缘，夏丏尊曾经在一篇文章里面提到，那时候他在报纸上看到一篇日本人断食的文章，就介绍给李叔同看。夏丏尊把这篇文章当作猎奇，没想到自己的同事李叔同却很认真地去实践了，从这件事中可以隐隐看出弘一法师出家的端倪。

1912年李叔同到浙江省立第一师范学校任教，就和夏丏尊共事，一直共事了七年。夏丏尊比李叔同小六岁，是浙江上虞人。跟李叔同一样，他也是1905年到日本留学的，两年后因为公费留学没有申请成功，夏丏尊成了"失学儿童"，回到浙江省立第一师范学校。他最开始的时候是担任日语助教，那时候李叔同还在日本留学，鲁迅则已经从日本学成归来，在浙江省立第一师范学校教书，所以夏丏尊也同鲁迅共事过一段时间，只是后来鲁迅因为发起学潮，被迫辞职。1912年，李叔同受聘来到浙江一师担任音乐教师，夏丏尊则自告奋勇担任了舍监一职。舍监有点类似于舍管员兼辅导员兼教导主任，在当时地位并不是很高，顽劣的学生经常跟他开拙劣的玩笑，比如在他的大褂上画乌龟，或者乘其不意把草圈套在他的脖子上。

如果有人看过李叔同先生和夏丏尊先生的合影，会发现他们完全是两种风格，李叔同仙风道骨，夏丏尊则憨态可掬。两个人关系非常好，李叔同出家之前，把别人苦求不到的墨宝一股脑儿都送给了夏丏尊[1]，还送了他折扇和金表[2]，而藏书等则都送给了自己的爱徒丰子恺等人。

后来夏丏尊又和一些朋友创办了开明书店，他是我国语文教育的奠基人之一。夏丏尊是鲁迅的同事，那时候鲁迅还不叫"鲁迅"，但是鲁迅对文学的兴趣已经在影响夏丏尊了。鲁迅知道夏丏尊曾经在日本留学，但是见他小说读得不多，就送

[1] 图书《去趟民国》，生活·读书·新知三联书店，2015年版。
[2] 图书《去趟民国：1912–1949年间的私人生活》，生活·读书·新知三联书店，2012年版。

给他《域外小说集》，后来夏丏尊说，自己是"受（鲁迅）启蒙的一个人"。

夏丏尊在杭州的时候，学生私底下给他起外号，叫他"夏木瓜"。这个外号最开始或许是个"恶搞"，因为夏丏尊长得"头大而圆"（丰子恺《悼夏丏尊先生》），一年到头都穿一件粗布的破长衫，在当舍监的时候又经常和混不吝的学生打交道，所以就得了这么个外号。不过到了丰子恺上学的时候，"夏木瓜"变成了爱称，因为他总是像妈妈一样感化学生，所以后来丰子恺总结说，夏先生对他们实行的是"妈妈的教育"，而李叔同先生实行的是"爸爸的教育"[1]。

中国有句古话说，人无癖不可交也。和自己的好友李叔同一样，夏丏尊是个内心很柔软的人，他说自己小时候，得知家里杀鸡就会躲起来；跟大人一起听戏，听到《杀嫂》等桥段，也是低下头捂上眼睛不敢看的[2]。

内心柔软的人注定是要养猫的。

1921年，夏丏尊应邀回到家乡上虞创办春晖中学，新家坐落在白马湖畔。妹妹带着外甥女来夏丏尊家小住，他们刚住了没多长时间，就发现家里有老鼠，妹妹就提议养一只猫。夏丏

[1] 图书《缘缘堂随笔》，江苏人民出版社，2016年版。
[2] 图书《去趟民国》，生活·读书·新知三联书店，2015年版。

尊小时候家里就有猫，那是一只金嵌银的老猫，毛色就像狐皮一样光滑，它特别善于捉老鼠，可是性格又特别温顺。老猫捉老鼠的时候凶猛，但是对待他这个毛头小孩却格外温柔。

"善捉鼠性质却柔驯得了不得，当我小的时候，常去抱来玩弄，听它念肚里佛，挖看它的眼睛，不啻是一个小伴侣。后来我由外面回家，每走到老四房去，有时还看见这小伴侣——的子孙。曾也想讨一只小猫到家里去养，终难得逢到恰好有小猫的机会，自迁居他乡，十年来久不忆及了。"（夏丏尊《猫》）

大概是两个月后，妹妹染上了疟疾，没有办法亲自来送猫，所以托人给夏丏尊家带来了一只小花猫，就是上述那只金嵌银猫的后代。不久之后妹妹去世了，夏丏尊说，这只猫就成了怀念妹妹的纪念物，每天都要给它吃鱼，晚上一定要抱回房间，生怕它被野狗之类的叼走，就连吃饭的时候，也要在餐桌旁给小猫留个位置。1926年的秋天，夏丏尊已经在白马湖畔住了5年时间，在这清净之地，夏丏尊用了很多精力去翻译意大利作家亚米契斯的名著《爱的教育》。1926年8月，夏丏尊翻译的《爱的教育》在开明书店出版，封面设计和插图绘制就是丰子恺完成的。而这本《爱的教育》成为开明书店开张之后最火爆的畅销书。而家中的爱猫则在这年的秋天跑丢了。

和自己的老师、同事夏丏尊和李叔同相比，丰子恺爱猫可谓远近闻名。他精通书法、音乐、绘画和多门外语，后以绘画闻名于世。他是个温润如玉的人，就像他的名字"子恺"一样，安乐自得，他自己也说："我的一生都是偶然的，偶然入师范学校，偶然欢喜绘画音乐，偶然读书，偶然译著，此后正不知还要逢到何种偶然的机缘呢。"但是养猫却不是偶然的。

丰子恺小时候，家里就养猫，他童年中印象最深的场景，就是自己那严厉又不得志的父亲对着一盏青灯喝黄酒、吃螃蟹，而家里那只老猫，总是沉静地卧在父亲身边，仿佛是一幅年代久远的水墨画。

"我的父亲中了举人之后，科举就废，他无事在家，每天吃酒，看书。……他的晚酌，时间总在黄昏。八仙桌上一盏洋油灯，一把紫砂酒壶，一只盛热豆腐干的碎瓷盖碗，一把水烟筒，一本书，桌子角上一只端坐的老猫，我脑中这印象非常深刻，到现在还可以清楚地浮现出来。"[1]

丰子恺正式养的第一批宠物并不是猫。1943年到1945年之间，丰子恺先养了鹅和鸭，那时候他对猫还没什么感觉，最爱的就是走路歪歪扭扭的小鸭子，有人说鸭子走路难看，丰子恺就"放话"说，"猫走起路来偷偷摸摸，好像要去干暗杀，那

---

[1] 图书《缘缘堂随笔》，江苏人民出版社，2016年版。

才真难看。"

这还不算，在 1943 年这通篇吹鸭子"彩虹屁"的文章中，他还对猫说了更过分的话呢："猫是上桌子的畜生，其贪吃属性更可怕……鸭子，即使人们忘了喂食，仍摇摇摆摆地自得其乐。这不是最可爱的动物吗？"[1]

日后的重度猫奴丰子恺不会想到，反转就在四年之后猝不及防地发生了。

时间到了 1947 年，丰子恺在抗战胜利之后正式养的第一只猫，叫作白象。这本来是段老太太的猫，后来又成了他次女林先的猫，抗战时期这只猫跟着段老太太逃难逃到大后方，又跟着林先到了上海，之后林先又把白象转交给了老爸丰子恺。

受女儿之托，丰子恺把小猫带回杭州养。在丰子恺的画中，猫是绝对的主角，很多书迷都知道他是重度猫奴，经常"你一只我一只"地送猫给他。

可是丰子恺打死都不愿意承认自己是猫奴，明明都已经被人拍到让小奶猫爬到自己的帽子上睡觉的照片，明明根本就离不开猫，明明天天写文章吹猫咪的"彩虹屁"：

"白象真是可爱的猫！不但为了它浑身雪白，伟大如象，

[1] 图书《缘缘堂随笔》，江苏人民出版社，2016 年版。

还为了它的眼睛一黄一蓝，叫作'日月眼'。它从太阳光里走来的时候，瞳孔细得几乎没有，两眼竟像话剧舞台上所装置的两只光色不同的电灯，见者无不惊奇赞叹。收电灯费的人看见了它，几乎忘记拿钞票；查户口的警察看见了它，也暂时不查了。"[1]

丰子恺还是说——其实我并不喜欢真猫，只是喜欢画猫。我养猫也不是自己想养的，主要是家里的女儿们非要养猫。

嘴上说着很嫌弃，但身体却很诚实。有次丰子恺惹得一位客人不是很开心，他心里过意不去，又怕自己弄巧成拙，于是就派猫出去替他道歉。丰子恺的猫既要当猫模特儿，还得去"平事"，真是为这个家操碎了心。

1918年，李叔同在杭州的虎跑大慈寺皈依佛门，此后，世间少了一位李叔同，多了一位弘一法师。弘一法师出家之后，曾经去过学生丰子恺的住处。丰子恺发现老师坐下来之前，总是要先晃晃椅子，问老师是为什么。弘一法师说："这椅子里头，两根藤之间，也许有小虫伏着。突然坐下去，要把它们压死，所以先摇动一下，慢慢地坐下去，好让它们走避。"[2]弘一法师的慈悲心总是深深影响着丰子恺，在自己恩师50大寿的时候，丰子恺特意画了整整50幅画为老师祝寿，名字叫

[1] 图书《缘缘堂随笔》，江苏人民出版社，2016年版。
[2] 图书《缘缘堂随笔》，江苏人民出版社，2016年版。

作《护生画集》。十年后，恩师60岁的时候，流亡贵州的丰子恺在战火中完成了整整60幅画作，这就是《护生画集》第二集。弘一法师很欣慰，他在给丰子恺的回信中写道："朽人70岁时，请作护生画集第三集，共70幅；80岁时，作第四集，共80幅；90岁时，作第五集，共90幅；100岁时，作第六集，共100幅。"丰子恺回信写了八个字："世寿所许，定当遵嘱。"

彼时是1939年，距离弘一法师圆寂只有不到三年时间。1942年，圆寂之前，弘一法师交代了最后五件事，其中之一就是："去时将常用之小碗四个带去，填龛四脚，盛满以水，以免蚂蚁嗅味走上，致焚化时损害蚂蚁生命，应须谨慎。再则，既送化身窑后，汝须逐日将填龛小碗之水加满，为恐水干后，又引起蚂蚁嗅味上来故。"也就是说，在他去世之后，要焚化的时候，要在小碗里面装上清水，防止焚烧的时候高温伤害无辜蚂蚁的生命。

而丰子恺则在30年后，以70多岁的高龄，完成了和老师的约定，"世寿所许，定当遵嘱"。在他身受癌症和病痛侵蚀多年后，第六集的一百幅《护生画集》最终完成。

关于弘一法师养猫的文字记录并不是很多，他出家之后更是鲜有史料记载。但是出家人能不能养猫，寺庙可不可以养猫的争论，却从未停止。

有人认为寺庙不应当养猫。反对者的观点一般有三,一是说佛教讲四大皆空,而养猫则是一种尘世的牵挂,徒增烦恼,不利于修行;二是猫是肉食动物,吃老鼠也是一种杀生;三是僧人养猫的时间多了,修行用功的时间势必就会少了,是对佛的怠慢和不恭敬。

值得指出的是,现在很多寺庙依然在养猫。有些是因为流浪猫自己来到了寺院,有些是这些猫原来的主人知道把猫放养在寺院不会被丢弃,所以送到寺院中续命。寺院中养的猫不能算是宠物猫,因为一般都是随缘饲养,随缘送出。猫和僧人都能够得自在。如果说僧人不能养猫、收容猫,那很多流浪猫、被遗弃的猫基本上就无处可去了。

而现在的很多中国寺庙,基本上无猫不成寺,想必弘一法师若能看到,一定也会很欣慰吧。

5

民国八卦头条：鲁迅、周作人兄弟失和，和小猫咪有什么关系

1923 年 7 月 19 日上午，弟弟周作人给了鲁迅一封亲笔绝交信，信的内容是这样写的：

鲁迅先生：

我昨天才知道——但过去的事不必再说了。我不是基督徒，却幸而尚能担受得起，也不想责谁——大家都是可怜的人间。我以前的蔷薇的梦原来都是虚幻，现在所见的或者才是真的人生。我想订正我的思想，重新入新的生活。以后请不要再到后边院子里来，没有别的话。愿你安心，自重。

七月十八日，作人

鲁迅收到信就问二弟，究竟是为什么？但是二弟负气走人，兄长最终也没有讨来一个说法。这就是中国近代文学史上非常有名的"二周兄弟失和事件"。

鲁迅和弟弟周作人出生在浙江绍兴，两个人都是近代国学大师章太炎的得意门生，都很受器重。这两位堪称文坛"双子星"的周氏兄弟，早年关系非常亲密，他们一同留学日本，共同署名文章并出版。鲁迅文笔好，二弟周作人的文章也是一流。

兄弟失和的原因，至今仍是个谜。鲁迅生前并不愿意详说，周作人在鲁迅死后也语焉不详，但唯一能够确定的是，兄弟俩的关系坏就坏在周作人那个日本太太身上[1]。在留学期间，周作人爱上了在留学生公馆里当女招待的羽太信子，很快就和这个日本姑娘结婚了。羽太信子家庭负担很重，家里有好几口要吃饭的嘴，和周作人结婚之后，两个人没有经济来源，鲁迅作为兄长，不仅给新婚的两口子寄钱，而且还给羽太信子一大家子寄钱。当时鲁迅一个月工资三十块钱，这已经算是比较高的工资了，可是周作人夫妇花钱大手大脚，他实在是没办法，只好卖了一套房，并且催促周作人说，毕业之后回国工

---

[1] 图书《去趟民国》，生活·读书·新知三联书店，2015 年版。

作，好尽快承担起家庭的重任。郁达夫是鲁迅的好友，也和周作人很熟悉，他认为兄弟俩的不和完全是个误会，矛盾的根源极有可能就是经济原因。兄长劝说弟弟一家要节俭，但弟弟及弟媳并不爱听。

周作人回国之后在北大当教授，鲁迅则为了改善整体生活条件，购置了北京西直门的八道湾四合院，供一大家子人居住。作为鲁迅和周作人共同的好友，梁实秋去过兄弟俩在八道湾的住宅。这个由鲁迅出资购买的房子，鲁迅本人住在侧房，而弟弟周作人一大家子则住在朝南的正屋，有卧房、大院，还有好几间书房。梁实秋参观之后，对周作人的书房印象格外深刻，后来回忆道："几净窗明，一尘不染，图书中西兼备，日文书数量很大。"

此时的鲁迅已经成为新文化运动当之无愧的旗帜人物，在全国范围内享有盛名；而周作人也是北大教授，在著述、翻译方面成就斐然。不过兄弟两个人的个性却是南辕北辙，认识鲁迅的人都说，鲁迅是坚硬耿直的。

如果以"鲁迅为什么不喜欢"为关键词进行搜索，会跳出来众多搜索结果，比如：

鲁迅为什么不喜欢家乡绍兴？

鲁迅为什么不喜欢中医？

鲁迅为什么不喜欢朱安？

鲁迅为什么不喜欢衍太太？

鲁迅为什么不喜欢徐志摩？

鲁迅为什么不喜欢梅兰芳？

…………

鲁迅不仅怼人，而且怼动物。据不完全统计，被鲁迅点名怼过的动物就包括跳蚤、蚊子、苍蝇、狗，还有猫。

鲁迅一开始并不喜欢猫，这一点周作人可以作证。在兄弟俩还没有闹掰之前，有胡同里的野猫经常在房顶闹腾，尤其是到了春天的时候，猫求偶的声音闹得鲁迅夜夜难寐。鲁迅就叫上自己的弟弟周作人，一起爬上屋顶去驱赶猫。

周作人晚年曾经在《知堂回想录》中回忆兄弟俩早年朝夕相处的温馨时光，也提到过鲁迅曾经的暴脾气。听到猫叫的鲁迅经常是披着衣服就冲出家门，而周作人则顺势搬了个小茶几出去，鲁迅蹬着茶几，周作人手持长竹竿，把楼顶不识趣的野猫好一顿教训。

这点不仅周作人可以作证，当时的很多名人也都可以作证。丰子恺是鲁迅的资深读者，他曾提到自己读鲁迅写的闰土，小时候是很好的玩伴，长大之后再相见，却怯怯地改称鲁迅为"老爷"，让鲁迅百感交集。而丰子恺也有同样的感触，他童年的玩伴日后再相见，也变得生分。熟读鲁迅著作的丰子恺，在描写自家的猫咪"白象"可爱的时候，就顺便"拉踩"了一下鲁迅家的猫："我觉得白象更可爱了。因为它不像鲁迅先生的猫，恋爱时在屋顶上怪声怪气，吵得他不能读书写稿，而用长竹竿来打。"[1]

鲁迅坦诚自己确实对猫无感，还专门写了一篇文章来阐述自己为什么不喜欢猫。

这就要追溯到童年了。鲁迅10岁左右时住在绍兴的老屋，这里有不少小动物，如大老鼠、隐鼠、蛇和猫。隐鼠就是小老鼠，平时会在家里跑来跑去，也会咬坏柜子和箱子，但是鲁迅对它们很宽容，认为这是隐鼠的生活习惯。他还喜欢跟隐鼠玩，让隐鼠跳到他的脚背上，甚至让其爬上饭桌吃些碗边的残羹冷炙。如果隐鼠愿意，它们甚至可以舔舔鲁迅的碗沿，鲁迅从来不嫌这种啮齿类动物肮脏，反而觉得这是一种温馨的画面。隐鼠幼小又可爱，但却是脆弱的，蛇和猫都是隐鼠的天敌，尤其需要提防。有一天，鲁迅发现家里隐鼠的踪迹越来越

---

[1] 出自丰子恺《白象》。

少，他问长妈妈，也就是小学课本中《从百草园到三味书屋》里的保姆阿长：这两天怎么没看见隐鼠？阿长没往心里去，她也并不觉得这些小老鼠有什么可爱的，只是看在少爷的面子上，没有在明面上赶尽杀绝罢了，于是阿长就随口说："隐鼠是昨天晚上被猫吃去了。"

迅哥儿越想越生气，认定家里的大花猫就是戕害隐鼠的凶手。他追逐、打骂大花猫，把大花猫挤到墙角，大花猫只能用惨叫声来自证清白。"我的报仇，就从家里饲养着的一匹花猫起手，逐渐推广，至于凡所遇见的诸猫。最先不过是追赶，袭击；后来却愈加巧妙了，能飞石击中它们的头，或诱入空屋里面，打得它垂头丧气。这作战继续得颇长久，此后似乎猫都不来近我了。"（鲁迅《狗·猫·鼠》）

就在他的"打猫神功"练到出神入化的时候，半年之后，他惊闻了这件事情的真相，那就是隐鼠的死压根与猫无关，而是有天它们爬上了长妈妈的大腿，长妈妈觉得恼火，抬脚把隐鼠踩死了。

猫给鲁迅留下了童年阴影，可很快又证实猫是被冤枉的。因此鲁迅在1926年《狗·猫·鼠》那篇文章的结尾，他提到自己已经与猫为善好多年："然而在现在，这些早已是过去的事了，我已经改变态度，对猫颇为客气，倘其万不得已，则赶走而已，决不打伤它们……这是我近几年的进步。"如果将这篇文章当作对真实经历的自我剖析，自然会招来非议。鲁迅也坦然接受："有青年攻击或讥笑我，我是向来不去还手的，他们还脆弱，还是我比较禁得起践踏。"

但是如果将这篇文章当作一篇反思的文学作品，则可以看出另一番意味 [1]。鲁迅写过的众多文章当中，涉及动物主题的少之又少，其中《狗·猫·鼠》就是为数不多的几篇之一。但鲁迅并非不关注这个主题。在近现代有影响力的众多作家中，鲁迅公开承认有一个美国作家对他影响至深，这个作家的名字叫作爱伦·坡，是一个美国小说家。而他最有名的短篇小说就是《黑猫》。"听说西洋是不很喜欢黑猫的，不知道可确；但 Edgar Allan Poe（爱伦·坡）的小说里的黑猫，却实在有点骇人。日本的猫善于成精，传说中的'猫婆'，那食人的惨酷确是更可怕。中国古时候虽然曾有'猫鬼'，近来却很少听到猫的兴妖作怪。"鲁迅和周作人是最早将爱伦·坡的作品引入中国的人，而爱伦·坡的《黑猫》所讲的主题就是一只被人残忍迫害的黑猫复仇的故事。

鲁迅读到的有关猫的文学著作不只这一篇，还有夏目漱

---

[1] 期刊文章《〈黑猫〉与〈兔和猫〉〈狗·猫·鼠〉新解———从鲁迅对爱伦·坡的接受谈起》，《鲁迅研究月刊》，2018 年第 8 期。

石的《我是猫》。夏目漱石原名夏目金之助，笔名漱石，取自中国典籍中的"漱石枕流"之意。1904 年，在大学教英文的夏目漱石家里来了一只小黑猫，那时，夏目漱石还只是一位穷酸的大学教师。他深受神经衰弱的影响，犯病的时候经常暴躁易怒。生活不易，夏目漱石业余的时候会给杂志写稿来赚点外快，但生活依然是捉襟见肘。这只黑猫怎么赶也赶不走，于是夏目漱石就留下了它。三个月后，有个主编杂志的朋友跟夏目漱石约稿，想让他写一篇连载。夏目漱石在纸上写下了这样一个开头："我是猫。还没有名字。"文章刊出之后，夏目漱石从一个默默无闻、穷困潦倒的大学教师，一跃成为享誉日本文坛的知名作家。鲁迅在日本留学时就对夏目漱石推崇备至，后来又翻译了夏目漱石的《挂幅》和《克莱喀先生》。对于《我是猫》这部具有反讽意义的鸿篇巨制，鲁迅的评价只有四个字："当世无匹"。

或许我们可以认为，鲁迅并不是在说自己怎么讨厌猫，而是在讽刺那些自以为善良、道德的人。正如夏目漱石在《我是猫》中所言："人类不是情深义重的动物。他们在人际交流中流的泪、做出的同情姿态，只是生而为人必须交的税而已。这种混淆视听的表演其实是一种非常费心神的艺术……冷漠是人类的本性，不故意隐藏这种本性的人，才是真正坦诚的人。"

和哥哥鲁迅不同，猫对周作人来说则是温情脉脉的。下面要讲的是一个未完成就夭折的初恋故事。

　　那时候周作人只有十四岁，他跟着家人一起寄住在杭州的花牌楼，隔壁邻居家有个可爱的女孩，姓姚。她并没有什么特别的地方，只是一个普通街坊人家的女孩，住在充满平凡烟火气的街巷里。从长相和性格来看，她也没什么值得称道的，瘦小的身材，乌黑的眼睛，时而羞涩时而又很活泼。她只有十三岁，经常抱着一只叫"三花"的大猫来看他写字。周作人每天坐在那里临摹字帖，姑娘就时常来看他练字，每次都是抱着猫的："每逢她抱着猫来看我写字，我便不自觉地振作起来，用了平常所无的努力去映写，感着一种无所希求的迷蒙的喜乐。并不问她是否爱我，或者也还不知道自己是爱着她，总之对于她的存在感到亲近喜悦，并且愿为她有所尽力，这是当时实在的心情，也是她所给我的赐物了。在她是怎样不能知道，自己的情绪大约只是淡淡的一种恋慕，始终没有想到男女关系的问题。"后来，姑娘得了霍乱死了，那印刻在周作人脑海中最深刻的初恋的样子，就是一个走路很轻、说话很轻的女孩，抱着猫在曦光中看他写字的身影。(《周作人《初恋》》)

　　晚年的鲁迅和周作人不再来往，但是他和三弟周建人还保持着密切的联系。每周六晚上，鲁迅和三弟一家都要雷打不动地聚餐。周建人有三个女儿，知道鲁迅不喜欢吵闹，所以周建人每次只带一个女儿去鲁迅家。周建人的妻子王蕴如先带孩子去，周建人则下班后直接从商务印书馆往大哥家里赶："有时候建人来晚了，鲁迅总要焦急地楼上楼下跑好几趟，嘴里说着'怎么老三还勿来？'直到建人来了才放心。建人来了以后，兄弟俩就要上楼去谈天，我们则在楼下帮许广平做饭。晚饭，由许广平烧几样广东菜，炖只鸡，有螃蟹的时节总要吃螃蟹。兄弟俩总要吃一盅酒有说有笑。晚饭后上楼吃点心，吃水果。一边喝茶，一边谈天。谈谈天下大事，风土人情，也谈小时候绍兴的事。谈到有趣的地方就哈哈大笑。总要谈到11点多钟，电车已经没有了。鲁迅就去叫汽车，预先付了车钱，把我们送回家。"(刘仰东《去趟民国》)

鲁迅愿意时刻年轻气盛，他拒绝变成圆滑又狡猾的中年人，像猫；但是我们注意到了，他在中年之后变得柔软，变得可以妥协了。鲁迅愿意委屈自己，成全别人，他能拿出自己的工资养弟弟周作人一大家子人，让弟媳坐月子的时候用得上日本进口的母婴用品，他拒绝以自我为中心和随心所欲，像猫。归根到底，鲁迅是很珍惜家人的，也像猫。

鲁迅49岁的时候，海婴出生，鲁迅的"硬汉"人设终于全面"崩塌"。

兄弟失和多年之后，鲁迅终于要养自己家的孩子了。他给海婴起了个小名叫小红象，还编了一首原创的催眠曲，文风和他平日里的战斗檄文大相径庭，歌词是这样的：

　　小红，小象，小红象。

　　小象，红红，小象红。

　　小象，小红，小红象。

　　小红，小象，小红红。

互联网时代伪造鲁迅语录的人很多，但是这首可爱又不乏幼稚的摇篮曲，鲁迅可以自信地说：这，确实是我写的。

耿直如鲁迅，对自家熊孩子只能宠着。鲁迅还很无奈地回忆说，海婴小时候经常会问："爸爸可以吃么？"

鲁迅说："我的答复是：'吃也可以吃，不过还是不吃罢。'"

6

名人家里究竟有多少叫"花花"的猫

　　养猫总是要给猫起名字的，名人也不例外。

　　跟普通人相比，有些名人给猫起名时更花费心思。比如《丑陋的中国人》的作者柏杨家的猫，名字叫"孟子"，至于为什么叫这个名字，除了他自己对孟子雄辩的口才印象深刻，还有一个重要的原因就是，要用一个拔尖的圣人的名字去命名这只可爱的小猫，而用"孟子"命名一只猫，也让这只猫成了"前无古人"的第一猫。再比如季羡林家的其中一只猫，就叫"虎子"，虎子是一只狸花猫，身上有老虎斑纹，再加上疾恶如仇、暴烈如虎的个性，所以就叫"虎子"。再比如丰子恺家的猫，因为长相庄严，就叫"白象"。

　　如果我们认真考证一下名人家的猫，发现不少人给自家猫咪起名也很随意。

其中使用频率最高的名字便是"咪咪"，丰子恺、冰心、季羡林家里都曾有一只叫"咪咪"的猫，而季羡林家的咪咪去世之后，他又继续养了一只白猫，干脆就叫咪咪二世。

名人家的猫，另一个使用得很高频的名字就是"花儿"，又叫"小花""花花儿"。

冯友兰的女儿宗璞养的猫叫"小花"，作家王蒙养的猫叫"花儿"。王蒙的猫给人印象很深，因为它是只会打乒乓球的猫。王蒙回忆，20世纪六七十年代，自己在新疆伊犁养了一只狸花猫，他为其取名叫"花儿"。这只猫是看瓜老汉送给他的，是一只黑斑白色的狸花猫，非常乖巧。这只猫会打乒乓球，猫在中间，王蒙和妻子各站一端，他们把球抛给猫，猫就用爪子拍打给另外一方，聪明伶俐极了。

除了聪明，这只猫还很懂事："花儿特别洁身自好，决不偷嘴。我们买了羊肉、鱼等它爱吃的东西，它竟然能做到非礼勿视，非礼勿行，远远知道我们买了东西，它避嫌，走路都绕道。这样谦谦君子式的猫我至今只遇到过这么一回。"（王蒙《猫话》）

钱钟书住在清华时也养猫，那只猫叫"花花儿"。花花儿这个名字不是夫妻两个人给起的，是照顾家人生活起居的老李妈给起的。这位老李妈很善良，也很爱猫，见杨绛抱回来的花花儿还非常弱小，就教它吃饭，还教它不要在家里随处大小便。杨绛后来回忆说，她一直不知道老李妈是怎么教会小猫拉屎拉尿的，只是知道，这只小猫从来没有一次因为排泄的问题把家里弄脏过。

在一张泛黄的老照片里，我们能看到钱钟书、杨绛和钱媛一家三口和猫的合照。在照片里，杨绛抱着乖巧的花花儿坐在石阶上，钱钟书和女儿则含笑立在身后。

杨绛说，老李妈经常夸赞花花儿的灵性："我们让花花儿睡在客堂沙发上一个白布垫子上，那个垫子就算是它的领域。一次我把垫子双折着忘了打开，花花儿就把自己的身体约束成一长条，趴在上面，一点也不越出垫子的范围。"（杨绛《花花儿》）

花花儿喜欢吃的东西也特别，老玉米、水果糖、花生米……它再长大一点，就到了该闹猫的年纪。闹猫的表现多种多样，不同的猫并不太一样。但有一点是相通的，那就是不会总是那么懂事乖巧。花花儿也是一样，用杨绛的话来说，从来不进卧室、不跳上床的它开始"不服管教"，总是想要进卧室，进衣橱，跳上床，但是钱钟书格外宠爱它，总是掀开被窝留个缝儿，让花花儿进去。

花花儿第一次学上树的时候，只会上去不敢下来，钱钟书没办法，就设法把它救了下来。救下来之后它就会爬树、会翻墙，还会打架，总之是变成了"小区一霸"。杨绛这样记载："我们都看见它争风打架的英雄气概，花花儿成了我们那一区的霸。"

彼时钱钟书和杨绛夫妇住在清华园，而他们的隔壁就住着林徽因和梁思成夫妇。林徽因也爱猫、养猫，猫在家里是最受宠的。但偏偏钱钟书家的花花儿跟林徽因家的猫不对付，钱钟书孩子气到什么程度呢？只要一听见花花儿跟别的猫厮打，他就挥着长竹竿出去帮着打架。杨绛在《记钱钟书与〈围城〉》这篇文章里提到钱钟书是怎么替自家猫出头的："钟书特备长竹竿一枝，倚在门口，不管多冷的天，听见猫儿叫闹，就急忙从热被窝里出来，拿了竹竿，赶出去帮自己的猫儿打架。"

杨绛也不是没劝过架，她说："打狗要看主人面，那么，打猫要看主妇面了！"但她根本就拦不住，因为林徽因的宝贝猫是花花儿最大的情敌之一。

在钱钟书眼中，妻子杨绛是一等一的才女，不然傲娇如他，也不会说出杨绛是"最贤的妻，最才的女"这样高的评价。从来不爱谈论自己的钱钟书还说，"我见到她之前，从未想到要结婚；我娶了她几十年，从未后悔娶她。"钱钟书把温柔留给家人，把"毒舌"都给了外人。他从小看书就过目不忘，满腹经纶，但是从小爱臧否人物，评议是非。父亲钱基博非常担忧这一点，怕日后给他惹来非议，所以就给他取了个字叫"默存"，意思是提醒他祸从口出。但钱钟书放出的"狠话"依旧不少，他说清华外文系没有人有资格当他的导师，说张爱玲有点才华但是大节有亏，说鲁迅的短篇还可以，但鲁迅也只适合写短篇，说林语堂的幽默文学一点也不幽默。说公认的才女林徽因？他甚至不需要说什么，看他怎么"真刀真枪"地对待林徽因家的猫，态度就一目了然了。

　　钱钟书关于林徽因最有名的一段臧否文字，出自《猫》这篇小说。虽然钱钟书在将这个短篇收录到小说集《人·兽·鬼》中时一再强调，文中的人物均属虚构，千万不要对号入座，但这段话怎么看怎么像是在说林徽因："在一切有名的太太里，她长相最好看，她为人最风流豪爽，她客厅的陈设最讲究，她请客的次数最多，请客的菜和茶点最精致丰富，她的交游最广。并且，她的丈夫最驯良，最不碍事。假使我们在这些才具之外，更申明她住在战前的北平，你马上获得结论：她是全世界文明顶古的国家里第一位高雅华贵的太太。"

　　钱钟书的"毒舌"远近闻名，林徽因的雅致有目共睹。1948年，林徽因20岁的同乡林洙到北京拜访林徽因。彼时林徽因已经是教授，住在清华园中。林洙这样形容初次到林家的震撼："我来到清华的教师住宅区新林院 8 号梁家的门口，轻轻地扣了几下门。……靠西墙有一个矮书柜，上面摆着几件大小不同的金石佛像，还有一个白色的小陶猪及马头，家具都是旧的，但窗帘和沙发面料却很特别，是用织地毯的本色坯布做的，看起来很厚，质感很强。……在昆明、上海我都曾到过某些达官贵人的宅第，见过豪华精美的陈设。但是像这个客厅这样朴素而高雅的布置，我却从来没有见过。"[1]

此时距林徽因去世还有 7 年时间，而林洙则在林徽因去世之后，成了梁思成第二任妻子。

建筑师林徽因交游广阔，朋友也很多。在林徽因的密友当中，有不少也是爱猫的。其中就有徐志摩。徐志摩是伟大的诗人和翻译家，他的诗歌和文章总是澎湃又热烈。1930 年，徐志摩正和陆小曼处于热恋当中，一度霸占了民国八卦新闻头条。此时他热烈地赞颂猫："我的猫，她是美丽与壮健的化身……我敢说，我不迟疑地替她说，她是在全神地看，在欣赏，在惊奇这室内新来的奇妙——火的光在她的眼里闪动，热在她的身上流布，如同一个诗人在静观一个秋林的晚照。我的猫，这

---

[1] 图书《去趁民国：1912—1949 年间的私人生活》，生活·读书·新知三联书店，2012 年版。

一晌至少，是一个诗人，一个纯粹的诗人。"多数学者认为，这不仅仅是在赞美猫的美貌，更是在称赞爱妻陆小曼的风姿。

不少文人经常陷入经济拮据的境地，徐志摩却不是如此。在 20 世纪二三十年代，徐志摩是大学教授中少有的拥有私人汽车的人。同时，和他那些热烈的诗词形成反差的是，他沉默而自律。1931 年，徐志摩和罗尔纲都寄住在胡适家。当时，一些北大教授或者文人经常会聚在一起打麻将。胡适觉得很惊奇：徐志摩从来不参与，从来不打麻将。他喜欢去北海公园散步，有时候罗尔纲会陪他同去。一次他们在北海公园碰上了一个乞讨者，是个穷苦的女人，徐志摩可怜她，把身上所有的钱都给了她。后来罗尔纲说，他从徐志摩身上感受到了杜甫《茅屋为秋风所破歌》中那种悲天悯人的诗人情怀。

徐志摩在自己的众多朋友中，还是最早尝试乘坐飞机出行的人。他曾经问过梁实秋，有没有坐过飞机，梁实秋回答说并没有，觉得太贵，也没有必要。徐志摩就推荐说："你一定要试试看，哎呀，太有趣。御风而行，平稳之至。在飞机里可以写稿子。"当时徐志摩有位好友在航空公司，见徐志摩经常要到处讲学，所以就好心送给他一张长期机票，而且是免费的。1931 年 11 月 19 日，徐志摩搭乘中国航空公司"济南号"邮政飞机由南京飞往北京，他要参加当天晚上林徽因举办的中国建筑艺术演讲会。然而没料到天气恶劣，飞机触山，徐志摩罹难。

中国古人认为，猫能自由穿行阴阳两界，渡人往生。不知道诗人志摩灵魂摆渡的路上能否看见自己的爱猫，如果真是如此，那死亡也只是一种分开旅行吧。

⑦

在重庆混，终究是要养猫的

千百年来，养猫就是为了灭鼠，这已经成为大家的共识。而鼠患的流行，鼠疫的恐怖，更是让养猫成了一件紧迫的事情。

养猫千日，用猫一时。

20 世纪 20—40 年代，鼠疫在四川、福建、广东等地肆虐，不仅持续时间长，而且对人民的生命财产造成了严重的危害。老鼠繁殖能力强，理论上，一对老鼠在一年之内就能够繁育出 15000 只后代，而老鼠喜欢藏粮食，且极易传播疾病，已经成为当时的一大公敌。

自古以来，捕鼠的方式很多，比如说用器械捕鼠，用药物毒杀，或者用老鼠的天敌比如蛇、老鹰、狗、猫等来灭鼠。综合比较起来，还是用猫来捕鼠性价比最高。原因就在于，老鼠天性多疑，动作敏捷，捕鼠器不仅往往捉不到老鼠，反而有可能误伤人类或者家禽；而毒杀老鼠确实见效迅速，可是投放毒药成本较高，还有被顽童等误食的风险。相比起来，用猫捕鼠最环保，最省心，很多地方都大力提倡养猫，20 世纪三四十年代可能是中国历史上猫咪最多的时期。猫咪如此金贵，以至于当时各地的动物保护协会和政府都命令禁止伤害猫、食用猫，比如 1936 年，中国保护动物会就致福建福鼎县政府一封专函，谴责当地吃猫的风俗，建议从严查禁。1943 年，《福建日报》刊登鼓励全民养猫的新政策，要求尽量做到每家都养一只猫："省当局即将通令全省，鼓励民间普遍畜猫捕鼠，期于两年内达到一家一猫，根绝疫患。"

跟老北京、老天津人热衷于亲朋好友之间赠猫，以买猫卖猫为不吉利不同，重庆的猫则是身价暴涨，一猫难求。而 1942 年的《新天津画报》则报道，在四川重庆等地，鼠患猖獗，一只普通的猫就要卖 200 元 [1]。

说到重庆养猫费钱，老舍非常有发言权。他在重庆住的地方老鼠奇多。文人的住处，书多，稿纸多，老鼠就是可恶的祸

---

[1] 期刊文章《民国养猫二三事》，《文史天地》，2020 年第 8 期。

患。为了护书，老舍买了一只看起来品相不是很好的"小丑猫"，身体弱弱的，但依然花了他两百多块钱。

诗人席慕蓉和她的先生刘海北都是土生土长的重庆人，两个人结缘就是因为一只猫。他们都是留学生，当时比利时中国学生中心所在的公寓鼠辈猖獗，无论用什么方法去毒杀老鼠，都不见成效。刘海北想起小时候他住在重庆市郊，自从有记忆开始，街坊邻居家家户户都养猫防鼠，所以就建议公寓里也养一只猫。因为从小养猫，很有经验，所以他主动承担起挑选一只好猫，并且照顾它的重任。他给猫喂罐头，还搭了一个舒适的猫窝。刘海北花费了极大的耐心和温柔跟一只小猫相处："须知猫乃天生君子，在未充分了解你之前，绝不轻易和你建立友谊。所以在你选定好要引诱的猫之后，必须非常有耐性，对它用温柔的语气说话，不去触碰它，表示你请它吃饭完全是出自至诚，绝没有丝毫要占有它的意思。待它吃了几顿，体会出你的诚意以后，才能容许你轻抚它。然后你再把饭碗逐渐而缓慢地移向室内，猫才会在有一天终于成为你家的猫。这个时候，你好像完成了一项伟大的使命，会非常珍惜你和猫之间的友谊。"[1]

---

[1] 出自刘海北《猫路历程》。

有个同样是来自重庆的中国女留学生，看小猫可爱，伸手想要去抱。虽然觉得这样做可能会伤害她的心，刘海北还是略带抱歉地拦住了她："小姐请等一等，不要吓到这只母猫。母猫很饿，我在喂它吃饭，你过来抱它，它会跑掉，小猫也会吃不到饭。"

若干年后，已经成为知名诗人的席慕蓉回忆当年她和刘海北第一次见面的场景——她要抱猫，可是这个来自中国的同学说，请等等，这样对猫不好。

刘海北小时候，家里养了两只公猫，一只是黄猫，一只是黑猫，已然是令人艳羡的大户人家了："那时候家中兄姊都已入学，我又赖皮不肯上幼稚园，所以这两只猫给我的童年带来不少快乐，从此认猫为最好的朋友。"[1]刘海北是1939年生人，算起来他家里养猫的时候，正好是老舍、梁实秋等人寄居在重庆，苦苦求猫而不得之时。而或许正是因为有自己家的"小丑猫"做后勤保障工作，护书有功，老舍才能够在重庆创作出流芳千古的长篇小说——《四世同堂》。

郭沫若是四川人，1938年，他和老舍在同一年来到重庆。郭沫若曾写了一篇文章，痛斥自己居住了七八年的重庆，他写

---

[1] 出自刘海北《猫路历程》。

道，重庆最可恨的有四点，一是山路崎岖；二是天天下雾；三是热得要命；四是老鼠太多。但实际上这篇文章的名字叫"重庆值得留恋"。他在文章中继续写，山路崎岖怎么样呢？"逼得你不能不走路，逼得你不能不流点小汗，这于你的身体锻炼上，怕至少有了些超乎自觉的效能吧？"天天下雾又如何呢？"战时尽了消极防空的责任且不用说，你请在雾中看看四面的江山胜景吧。那实在是有形容不出的美妙。"热得要命也不怕，"真的吗？真有那样厉害吗？为什么不曾听说有人热死？不过细想起来，这重庆的大陆性的炎热，实在是热得干脆，一点都不讲价钱，说热就是热。"由此可见，他很擅长运用欲扬先抑的手法。

对待猫他也是如此。因此这个猫奴就隐藏得很深。

郭沫若住在重庆的时候也养了一只猫，叫"小麻猫"。他先是说自己是很讨厌猫的，原因是有童年阴影："在很小的时候，有一天清早醒来，一伸手便抓着枕边的一小堆猫粪。"[1] 因为当时重庆老鼠又多又大，所以他就买了一只猫。这只小麻猫是很擅长捉老鼠的，在它到家后没多长时间，老鼠基本上就肃清，郭沫若便觉得，这小猫看起来其实也还挺顺眼的。不久之

---

[1] 原文出自郭沫若《小麻猫》。

后，小麻猫走丢了，他就又买了一只小白猫，再过了不久，小麻猫又回来了。失而复得让郭沫若大喜过望，两只猫也相处得日渐融洽，他由对猫厌恶、无感，逐渐转变为牵挂了，总是担心小麻猫会不会又走丢，会不会又被人捉走，毕竟重庆猫贵，偷猫贼不少，报纸上也经常看到偷猫贼被抓住的社会新闻。后来小麻猫又失而复得了一次，它再次回来时，仿佛是受到过很重的虐待，前腿都磨破了，一看就是被麻绳之类的东西捆过。心疼、牵挂加上战斗友谊，让郭沫若彻底"臣服"于猫的勇武和魅力，50岁的他，正式成了一个猫奴。

梁实秋住在重庆雅舍的时候，家里也养猫。猫在山城重庆有多金贵、多宝贝，他是目击者和见证人之一。但他坚决表示，自己并不喜欢猫，只是因为重庆老鼠多，才被迫养猫。家里的小孩子喜欢猫，女仆也像宠孩子一样宠猫。有一次，猫在和家里孩子玩儿的时候，被吓得有了应激反应，女仆赶忙跑过去教训那些熊孩子："你们怎么这么淘气，把猫跌坏了可怎么好！"孩子喜欢猫，家里的女人更喜欢猫，从妻子到女仆，都是猫奴。梁实秋非常不以为然，但也无可奈何。1927年，梁实秋和程季淑在欧美同学会举行婚礼，期间因为婚戒有些松，梁实秋把戒指弄丢了。程季淑知道之后就安慰梁实秋，说："没关系，我们不需要这个。"梁实秋敬重程季淑，两人感情很好。妻子和孩子要养猫宠猫，他再不喜欢，也只是在文章里面吐槽几句。

彼时的梁实秋，认为猫是奸诈的、猥琐的，还喜欢偷吃，简直面目可憎。他也很认同鲁迅对猫的态度，梁实秋也不喜欢发情的猫在房顶上喵喵叫，因此觉得老友鲁迅"仇猫"还是挺情有可原的："我没有鲁迅先生这样大的勇气，假若我是在睡觉，我就把被捂在耳朵上忍着，因为睡得昏昏沉沉地披衣起来，拿'长竹竿'就猫交战似乎不是怎样有趣的事情。"[1] 为了证明自己不爱猫不是一件稀罕事，梁实秋还拉来老舍做"垫背"，说自己和鲁迅可不是异类，你看看，"人民艺术家"老舍也不爱猫啊，只是他的口气比较文明而已："他采取口诛笔伐的方式著了一本《猫城记》。用猫来象征贪狠刁坏是很适当的……"

和妻子程季淑相知相伴将近 50 年之后，程季淑不幸遭遇不测。那时候两个人在美国西雅图逛超市，有个货梯直直砸了下来，程季淑被砸中，后医治无效，在西雅图的槐园逝世。梁实秋毕生所努力的一件事，就是翻译莎士比亚全集，而熟识他的朋友、学生都说，若没有程季淑的支持、理解和帮助，梁实

---

[1] 原文出自梁实秋《猫》。

秋难以独自完成这伟大的事业。因此在妻子去世之后，梁实秋写下《槐园梦忆》，缅怀妻子。《槐园梦忆》的各个篇章先在台湾的报纸上刊载，读者都感念他们夫妻二人伉俪情深，即便是死亡都不能让他们分隔。只是没想到，《槐园梦忆》还没有连载完，梁实秋就登报宣布，自己与韩菁清女士喜结连理，结婚时韩菁清只有 44 岁，比梁实秋的大女儿还要小 4 岁。

梁实秋写那篇关于猫的讽刺文章的时候，是 1947 年，他在文章中非常鄙夷那些宠猫、爱猫、撸猫的女子："仿佛女人们比较喜欢猫，无论老太太还是小姑娘，总爱把猫抱起来摸它的毛，不厌其详地夸奖它的耳朵、尾巴，关心地询问它的饮食起居……我看了真真老大不耐烦。"

一晃 30 年过去了，在重庆没当成猫奴，晚年的梁实秋还是逃不掉成为猫奴的宿命。

1978 年 3 月 30 日，梁实秋在日记本里写了这样一句话："菁清抱来一只小猫，家中将从此多事矣。"梁先生预估得没错，这只小猫被爱猫的韩菁清抱回来之后，他果真忙碌起来了。

他先是要给小猫准备吃的，还使出浑身解数，给猫起了个极高贵的名字，叫"白猫王子"。30 年前，梁实秋看猫只觉得它们"贪狠刁坏"，"像是阴沟里的老鼠"那么"猥琐"，而此时梁实秋是怎么形容这只小猫咪的呢，他说："猫有吃相，从来不吃得杯盘狼藉。"

但是，这还只是个开始。30 年前，战乱年代养猫，梁实秋怎么看怎么觉得猫吃相难看，又贪婪，尤其是它吃肉的样子，跟老鼠一样可恶。30 年后，没有什么能阻挡这年近 80 岁的老人宠猫的热情。他知道猫吃鱼，于是就给了它一条鱼吃，没想到白猫王子从此学会了挑嘴。先是要给它去鱼刺，不然有可能会扎着食道，还有可能会胃出血，老人只好照办；喂了鱼之后白猫王子又觉得小鱼不香，慢慢只吃大鱼，老人就给它做大鱼；后来大鱼也不想吃，冰箱里隔夜的鱼也不想吃，只吃现煮的、温热的，不然就不吃……再后来，白猫王子有一阵迷上了茶叶蛋，只要听到街上有人吆喝"五香茶叶蛋"，就喵喵叫着要吃。要知道，那可是凌晨一点钟，要知道，梁实秋住在北京的时候，可是半夜听见一群野猫惊声尖叫，宁肯捂着耳朵也不肯披衣起来的人。但此一时彼一时，这年近 80 岁的老人乐颠颠地披衣起床，趁着台北凌晨一点钟的星光，给白猫王子买一只温热的茶叶蛋。

人生劫难重重，唯以吸猫拯救。这还能说什么呢？

只能说，出来混，终究是要养猫的。

8

文人和猫的故事总有遗憾

　　文人大多爱猫，但翻翻文章及传记，他们和猫的故事总是悲欣交集，开始通常是快乐的，结局却总是令人伤感。

　　20世纪六七十年代，很多知识分子不仅自身难保，自己养的宠物也遭了殃。不少人只能为了"自保"，选择和宠物一刀两断，来表明自己不会沉迷于养猫养狗、玩物丧志。

　　作家止庵曾回忆20世纪60年代自己家的一件事情。

　　1966年，止庵只有7岁。街道主任去到他家，告诉他们说，搜查的人马上就到。临走前，街道主任瞟见了他们家养的猫，冷冷地说："都什么时候了，还养猫！"这是一只鸳鸯眼的长毛波斯猫，很受家里人的宠爱，尤其是止庵母亲的宠爱。听说检查的人马上要来，家里人开始行动起来，砸唱片、检查藏书，该烧烧，该撕撕。这些物件都可以处理，猫怎么办？

全家人一合计，扔猫。止庵和哥哥把猫藏在书包里，丢在了胡同口的厕所里，为了怕猫跑回家，他们把门死死地带上了。走了很远，还能听见猫在厕所里凄厉的叫声。

来人了，他们家收拾得干干净净，没有人受到伤害。也没有人敢开口问，猫怎么处理掉了。半夜时分，那只波斯猫找回来了，抓着门尖叫，像是小孩在哭。抓了很久，它发现大门是抓不开的，便跑到卧室的窗户前，拼命地抓挠玻璃。

止庵回忆说，他们一家人都躺在黑暗里，每个人都听到了，每个人都没有出声，也没有起身。没有人来给它开门，所有人都铁了心要和它断绝关系，哪怕是在过去的两年多时间内，这只猫给他们家带来了不少温存。后来这只猫在门外抓挠了一夜，差不多到天亮的时候，整个世界安静了，猫走了，并且再也没有回去。

这是一个发生在50多年前的故事，当年那个弃猫的小男孩已经成了知名学者。

人猫分别，有时代的背景，也有其他原因，不能太过于苛求。

但对于养猫人来说，日夜相伴的爱猫不幸夭折，总是让人难过不已。在近现代名人和猫的故事当中，有的散养的爱猫走丢、被偷、被捕杀，甚至是被野兽咬死。还有的情况是，猫活动的领地范围太大，没有"家"的观念，最终还是失散，带给人无尽的怀念和痛苦。

猫同人类共同生活了上千年，在过去的很长时间内，猫很难养在一个绝对密闭的空间里。猫要出去排泄，所以养猫人都会给猫留一个可以自由出入的通道，让它们可以上完厕所再回家。

猫咪需要被散养的原因很多，除了猫需要出门排泄，捕鼠也是一个重要的考量。在20世纪40年代初，中国有一场声势浩大的"解放猫儿"运动，呼吁不要把猫圈养在家里，而是要散养或者是半散养猫，因为要释放尽可能多的猫咪出门捕鼠，为大家除害。

翻阅近现代名人和猫的回忆文章，绝大多数人都是散养或者半散养猫咪的。不过这样就衍生出一个问题，散养的猫咪一旦走丢，能找到的都是运气，而大多数都成了悲剧。猫有九条命只是传说，事实上，猫的生命也与万物万灵一样，珍贵又脆弱。

有些意识超前的人会培养猫在家上厕所的习惯。比如清朝人在把猫带回家之后，最先做的一件事情就是在院子中堆一个小土堆，这个土堆往往是沙土做成的。他们会在土堆上插一根筷子，培养猫定点拉屎拉尿。这或许可以说是比较早的猫砂了。不过让猫在家排泄也会衍生出一个问题，那就是猫上完厕所之后习惯于刨土和掩埋，容易弄得尘土飞扬，同时沙土、木屑等还会粘在猫的爪垫上、毛发上。猫跑进屋内、跳上书桌等，总会留下深深浅浅的痕迹，老舍就说猫经常会在他写作的时候："跳上桌来，在稿纸上踩印几朵小梅花。"这几朵小梅花，恐怕就是刚刚在沙土堆里刨过屎的证明。

观复博物馆的馆长马未都直言，在过去养猫是一件喜忧参半的事情。基本上老北京人都是散养猫的，养猫的家庭都会在门上掏一个"猫洞"，让猫可以自由穿梭，可以出去上厕所；那些实在是想要把猫圈养在家里的人家，就要自己去找猫砂。每到夜深人静的时候，马未都就到处去找沙子，发现沙堆的心情就跟挖到金矿差不多，趁四下无人，偷摸铲上一麻袋背回家，放在院子里暴晒晾干让猫主子用。这种沾了猫排泄物的沙土无比难闻，黏答答臭烘烘的，可是沙土不易得，所以要格外珍惜，猫用完之后，"铲屎官"还要负责把沾有猫咪排泄物的沙土洗干净、晒干，以供循环使用。还有人家会拿个盆，在盆里铺点报纸教猫上厕所，不过有些猫死活都学不会怎么在报纸上上厕所，还是会排泄在床上、衣柜里等它们觉得松软且有主人气味的地方，为此，经常发生人猫大战，苦不堪言。

因为铲屎发生的种种人猫矛盾，随着猫砂的发明迎刃而解了。这是人类的一小步，却是吸猫史上的一大步。时间倒退回 1947 年，27 岁的美国人爱德华·罗威发明了黏土猫砂。这种猫砂清洁干净，可以覆盖异味，而且容易结团，很方便打扫。他的发明很快就赢得了养猫者的喜爱，从此之后，再也不用担心猫爪子上沾上脏脏的煤灰，不用担心它把家里弄脏，猫甚至可以走进书房，占领卧室。而人类则可以将猫养在室内这样一个完全封闭的空间，不必再饱受患得患失之苦。而且家养的猫得寄生虫和患病的概率更小，猫的寿命更长，对人类来讲，猫从一个伙伴，真正开始变成了朝夕相处的家人。

猫砂的进口需要时间，在中国的香港和台湾的养猫人应该是最早用上猫砂的幸运儿。梁实秋晚年定居台湾，如前所说，他直到七八十岁的高龄才开始养猫，但是他养猫可是认真又精细。在他家里，给白猫王子这一只猫，就准备了 4 个猫厕所，从楼上到楼下每一层都有，而且每天都打扫得干干净净；白猫王子除了有干净的猫砂用，还有自己的私人兽医，梁实秋和韩菁清会定期带它做体检。可以说，随着科技的进步，猫生也变得日渐幸福起来。

于人于猫，猫砂的发明都是一件功德无量的事情。随着猫砂的不断改良，松木猫砂、水晶猫砂、膨润土猫砂等被发明出来，成为人类文明养猫的标志。猫从此可以安然地待在人类的居室中，成为以另一种形式存在的主人。而养猫人，则荣耀地获得了一个前所未有的头衔——"铲屎官"。

品种繁多的宠物猫的出现，让猫在人们心目中比以往任何时候都更娇贵。它们价钱昂贵，身段娇弱，叫声软糯，很容易给人们一种它们毫无独立生活能力的错觉。面对它们忽闪忽闪的大眼睛，人类不忍心让它们踏出家门，去独自面对危险的世界。于是猫堂而皇之地占领了客厅，占领了书房，占领了卧室，钻进了人类的被窝。有人说，卧室中蜷缩在臂弯中的猫是最好的安眠药，没有猫的日子他们辗转难眠。有些人还"卑微"地将猫是否愿意和自己同床共枕，视作人猫关系的重要表现。若一只猫愿意走进卧室、"临幸"主人，这证明骄傲的猫已经完全被人类所征服了——这是养猫者的里程碑。

占领了卧室的猫改变了人类的思维方式。人类曾经自私地以为家里的一切都是自己的，但是猫却丝毫没有"这是主人的东西"这样的概念，无处发泄精力的它们把书架上的花瓶推到地上，咬断看不顺眼的数据线，舔舐完刚排泄过的"菊花"后就伸舌头去喝"铲屎官"杯子里的纯净水，它们无法容忍家里有任何一扇门是关上的。很多人发现，家里多了一只猫之后，不仅自己的洁癖被治好了，骨子里的自私和小气也消失殆尽。

　　不得不说，生活在现代的养猫人是何其幸运。这是一种千
金不换的幸福啊。

9

近现代那些外国名人都怎么吸猫

在 800 多年前的泰国王宫，有一种神秘的猫。它们被王室、贵族和寺院隐匿在深宅大院中，普通百姓根本无缘与它们照面。

这就是暹罗猫。

在皇宫里面，暹罗猫所需要抵御的并不是老鼠，而是鬼魂。在笃信佛教的国家，泰国人相信人死后灵魂不灭，而这种眼睛碧蓝、身材修长的猫被认为可以通灵。每当王室成员、宗教领袖或者贵族死去，相关官员和至亲就会选择一只暹罗猫。传统的做法是，选定一只暹罗猫放在死者的尸体旁，同时，在墓室旁边的墙壁上钻一个洞，当猫顺着洞从墓室中爬出，就被视为死者的灵魂已经转移到了这只暹罗猫身上。逝者的魂灵封印在暹罗猫体内后，随着这只猫的终老，它们会把逝者的灵魂带往天堂。

古代泰国人坚信，暹罗猫是灵魂的摆渡人。逝者的亲人们会终身奉养这只猫，他们坚信这样会给未亡人带来好运和福报。1926年，一只纯正的暹罗猫出席了暹罗国王的加冕礼，这也是暹罗猫在泰国地位的象征。

暹罗猫出现于14世纪，是泰国王公贵族和寺院的特供猫，一般认为是泰国的本土猫。所有暹罗猫都有着碧蓝如洗的双眸，在传统观念中，纯正的暹罗猫双眼内斜，尾巴扭曲。双眼内斜是因为它们在尽心尽力地守护寺庙，而尾巴扭曲则是某位公主为了避免被遗忘而做的标记[1]。

在很长一段时间内，暹罗猫不被允许离开泰国，更别说离开亚洲了。1878年，美国总统拉瑟福德·伯查德·海斯收到了驻曼谷美国领事馆的礼物——一只暹罗猫，这是堪比中国熊猫一般贵重的国礼，也是有史以来暹罗猫第一次离开亚洲。

打听到总统夫人是位猫奴，这位美国官员在寄给第一夫人的信中诚恳又不失骄傲地写道："我冒昧地转寄给您一只暹罗猫。这是我在这个国家能买到的最好的猫。而且我知道，这是有史以来美国的第一只暹罗猫。"

---

[1] 图书《猫：九十九条命》，湖南文艺出版社，2007年版。

史料形容这只暹罗猫是红桃木色的，有灵动的四肢和深邃的蓝色双眸，总统女儿尤其喜欢这只猫，给它起名叫"暹罗"。海斯总统回信感谢了这位驻泰国大使，还开玩笑说，现在白宫里有两只狗、一只山羊、一只知更鸟和一只暹罗猫，这有点像《鲁滨孙漂流记》里的生活，有时候甚至会忘记自己的主业是当总统。

第一次踏上美国国土的暹罗猫是短命的，它只活了一年多，就归于极乐。

1884 年，英国驻泰国曼谷领事欧文·古德尔爵士想把泰国的暹罗猫带回国内。在英国当地流传着一种说法，泰国的暹罗猫有一种无与伦比的美，他们只在皇宫里繁衍，其他地方的人难得一见。为了让从没见过暹罗猫的英国人饱饱眼福，欧文·古德尔爵士煞费苦心。他先是收买了王子的仆人，在仆人的帮助下将一对暹罗猫成功搞到手，然后将这两只猫运到不列颠半岛，随即让它们在水晶宫猫展上亮相，惊艳众人。

听说英国人从泰国弄到了两只暹罗猫，整个欧洲都蠢蠢欲动，他们想来参观，最最想要的还是这两只暹罗猫的幼崽。费尽千辛万苦才弄到的暹罗猫，英国人可不想让这些唯利是图的人太容易得到。不过聪明的法国人还是有自己的办法，在一年之后，法国人也从泰国偷偷运回一对暹罗猫，并把它们交给植物园去繁衍。从此之后，暹罗猫开始在泰国以外的地方风靡。

虽然在现在的宠物市场上，暹罗猫并不是极稀罕之猫。但是在好几十年前，暹罗猫是欧美名人的私宠，物以稀为贵，一般人难以获得。

很多名人都是暹罗猫的猫奴，玛丽莲·梦露、波普风格大师安迪·沃霍尔、影星伊丽莎白·泰勒，都曾经养过暹罗猫。

如果说哪个人和暹罗猫一起合照也不会输的话，那必须要提名英国女性费雯丽。同样有一双夺人心魄双眸的她，就养了一只暹罗猫。

这位善于隐藏感情的女明星多次对媒体表达自己多么为暹罗猫所神魂颠倒，猫奴附体的表现就是拒绝谈论自己的私生活，但是谈起自己的猫咪会滔滔不绝："说实话，一旦你养了暹罗猫，你就再看不上别的猫。它是天赐宠物，聪明绝顶，会像小狗一样跟着你。"1936年，摄影师拍摄了一张费雯丽怀抱暹罗猫的照片，这是她一生最喜欢的照片之一，也是她最经典的照片之一。

1940年，费雯丽凭借在《乱世佳人》中的精彩表演在奥斯卡封后，评委的评价是"有如此美貌何需如此演技，有如此演技何需如此美貌"。据说英国首相丘吉尔在一次宴会上遇到了费雯丽，他因为她的美貌而感到羞涩，不敢上前握手。有人劝说丘吉尔，说："您贵为一国的首相，连这点特权都没有吗？"
丘吉尔则说："这样的美貌是上帝的杰作，我看看就好。"后来
丘吉尔送给费雯丽一幅自己画的水彩画，这是他生平第一次
送画给别人。

红颜薄命，1967年7月7日，因罹患精神病和肺结核，54
岁的费雯丽含恨离世，最后在她身边逡巡，试图唤醒她的是她
的第五只猫，也是一只暹罗猫。

暹罗猫的主人串起了星光熠熠的50年代。在20世纪50
年代，英国有倾国倾城的费雯丽，美国则有勾人魂魄的玛丽
莲·梦露。有关梦露的传说很多，她短暂的一生拍了30多部电
影，为好莱坞赚了2亿多美金。在她处于事业上升期的时候，
她养了一只叫Serafina的暹罗猫，从已有的照片来看，这只暹
罗猫很可爱，而且还有点对眼——对眼一度是纯种暹罗猫最
显著的特征之一，不过后来被人们看作缺陷，在繁育的时候逐
步筛除了这一特征。

1962年5月19日，梦露为肯尼迪总统的生日献唱了一首
《生日快乐，总统先生》，并在谢幕的时候送上一记飞吻。这个
飞吻让不少报纸大做文章，毕竟在不久之前，确实有特工拍到
了梦露和肯尼迪总统一起度假的八卦照片。没过几个月之后，
玛丽莲·梦露在家中暴毙，享年36岁。她毫无征兆的死震惊

了世人，官方宣称她死于自杀，可是梦露在不久前才刚刚购置了新住宅，她还告诉朋友说有和前夫复婚的计划。

当人们沉浸在梦露暴毙带来的震惊中时，有一些人却从中发现了商机。

其中的一个艺术家叫安迪·沃霍尔。

在梦露去世后的第二天，34岁的安迪·沃霍尔就打电话给梦露的经纪人，买了一幅梦露的海报。安迪·沃霍尔再清楚不过，没有什么比巨星的死亡更好营销的了，况且又是梦露这位自带话题热度的顶级明星——你可能不喜欢她，但是一定认识她、关注她。如果安迪·沃霍尔身处现在的网络时代，可能会被全世界的网友喷成筛子，拿死者营销挣钱无异于吃人血馒头。但是，安迪·沃霍尔用他独一无二的才华，化解了艺术和死亡之间的冲突，他让人们看到，光鲜如玛丽莲·梦露，依旧活在不为人知的酒瘾和毒瘾中，无法自拔。她的一生是璀璨的，也是可悲的。

从1962年到1968年，安迪·沃霍尔用银色、金色、艳红、湖蓝等一系列的波普色彩，创作了多个版本的梦露丝网印刷品，其中包括梦露的头像照和她的嘴唇特写。而所有这些作品，为安迪·沃霍尔挣得了超过8000万美元的收益，并奠定了他波普艺术大师的地位。

当他不处于风暴中心的时候，他选择宅在自己的独栋别墅里，那里有他和母亲共同养的 25 只猫，除了一只叫"赫斯特"的蓝猫，其余的都叫"山姆"。因为山姆是暹罗猫，而它和赫斯特生出来的孩子都长得像它，所以沃霍尔就把家里这些暹罗猫都叫山姆。因为家里小奶猫太多，一时半会也送不出去，所以沃霍尔和妈妈一起，开始画家里的猫，并把这些画做成绘本，沃霍尔的绘本叫作《二十五只名叫山姆的猫和一只蓝色小猫》（*25 Cats Name Sam and One Blue Pussy*），妈妈画的那本叫《圣猫》（*Holy Cats*）。现在这两本绘本都是市面上的珍品，能卖出极高的价钱。

安迪·沃霍尔一生结识了不少名流好友，他和歌手约翰·列侬关系很好，有趣的是，列侬也养了一只小暹罗猫，名字叫 Mimi，是他和第一任妻子辛西娅结婚时养的。Mimi 是列侬小时候最宠他的姨妈的名字。

暹罗猫虽然出身高贵，但是气质一点也不高冷。它调皮可爱，人送外号"猫中哈士奇"。暹罗猫的起源虽然充满了神性色彩，不过它们的性格非常讨喜。有学者用这样一个传说来形容暹罗猫惹人喜爱的个性：暹罗猫是一只公猴向母狮献殷勤的产物，所以它兼具狮子的果敢和猴子的灵巧。

暹罗猫非常活泼，而且非常话痨，从来不怕生人，会在初次见面的陌生人面前撒泼打滚，以示友好。戒备心很重的猫种群，从不把最脆弱的肚子轻易示人，这是猫最低限度的自尊。不过显然，暹罗猫不需要这样做。它们热情、聪明又好奇，一刻也不能够离开主人。比起和同类相处，暹罗猫更喜欢和人在一起。不能和人黏在一起，对于暹罗猫来说是比不吃不喝更残忍的一件事情。它们不能容忍分离，更不能容忍人类饲主有些许的个人空间，上厕所、去厨房甚至到阳台呼吸下新鲜空气，都必须在暹罗猫的密切注视下进行，如果人类试图拥有自己的私人空间，比如关上门看一场没有猫干扰的电影，这是暹罗猫最不能够容忍的背叛。

因此，暹罗猫"猫中之狗"的外号名不虚传。

传统暹罗猫的长相很有特色，身上的毛是米色的，但是脸、耳朵、尾巴、腿部、四肢都是棕黑色的，俗称海豹色，而且海豹色会随着气温的降低逐渐加深，所以经常有人笑称暹罗猫都是挖煤工。上文提到的费雯丽、梦露和安迪·沃霍尔养的暹罗猫，都是海豹色的。以最常见的海豹色为例，刚出生几个月的时候，幼猫全身都是米白色的毛，只有鼻头会带一点点黑。当越长越大时，随着气温的降低，"小矿工"就会逐渐变成"煤老板"，四只爪子、尾巴、耳朵和面部都会逐渐黑化，原因就在于，暹罗猫带有一种神奇的基因调节器"暹罗等位基因"，会让它们根据气温变化改变毛色。当冬天过去春天到来，它们又会变得稍稍白一些。

现代有些人不太接受暹罗猫越来越黑的特征，因此更多的颜色被繁育出来，比如红重点色暹罗、红虎斑暹罗等。暹罗猫还是很多现代品种猫的母亲，比如布偶猫、喜马拉雅猫等，都是由暹罗猫跟其他品种猫交配而来的。

第五章

探究

为什么我们甘心为奴

① 为什么养猫人都甘心为奴

美国著名的硬汉作家欧内斯特·海明威说："有了第一只猫，你就会养第二只。"

确实是这样。

1935年，一位船长送给海明威一只拥有六个脚趾的小母猫作为礼物，海明威给它起名叫"雪球"。据说有六个脚趾的猫能够带来好运，所以海明威就收养了这只猫。作家养猫本身没什么稀奇的，猫性格安静可人，正是作家最好的伴侣，但是一向以硬汉形象示人的海明威能够对猫有缱绻柔情，实属难得。说到海明威，我们脑海中总是会显现出一个在狂风暴雨里举起双管猎枪射杀大马林鱼的白胡子老头，但是和他的硬汉形象相比，他对猫的爱更让人印象深刻。

海明威家里最多的时候有 30 多只猫,《丧钟为谁而鸣》《永别了,武器》等传世名作都是在众多猫咪的簇拥中写完的。海明威和妻子旅居巴黎的时候,还曾经让一只猫当孩子的保姆。有人劝海明威不要"铤而走险",因为在巴黎民间传说中,猫的呼吸能够吸走小孩子的灵魂,让他们一命呜呼。海明威并没有理睬这种奇谈怪论,反而称赞猫是他见过最好的保姆,没有之一。1961 年,嗜猫如命的海明威用一把 12 毫米口径的双管英式猎枪在家中饮弹自尽,自杀前最后一句话是:"别了,我的小猫。"

如今海明威故居还有很多只六趾猫,据说都是雪球的后代。海明威的名言很多,最有名的一句就是:"一个人可以被打败,但是不可以被毁灭。"

不过,被猫掌控还是可以的。

美国文学史上最具有影响力的作家之一威廉·福克纳曾反复引用一个古老的中国传说,他这样告诫世人:在很久很久之前,统治这个世界的物种并不是人,而是猫。猫不仅拥有至高无上的智慧,还组建了最早的文明政府,但是当它们为自己的智慧沾沾自喜的时候,它们发现,问题出现了。猫拼命去打造一个文明社会,但是却要接受种种考验,最后难逃灭亡的命运。管理的代价太过于惨痛,猫中的"最强大脑"决定商议出一个解决办法。讨论的结果就是它们集体让位给人类，放弃统治者所必须要背负的责任。他们在稍微低一等级的物种中选出能够代替它们管理的物种，这个物种要足够智慧，智慧到他们会去挑战并解决一切困境；也要足够无知，无知到以为自己无所不能——它们选择了人类。

最后，"人类贪婪地占有了这个位置，猫从此退居次要地位，享受着它们的舒适，用不曾有任何遗忘的眼睛看着人类。"

在讲述了如此多关于吸猫的奇闻逸事之后，我们需要理性地探讨一下这个问题——猫为什么能够占领这么多人的心？一个平平无奇的物种，怎么就能从众多生灵中脱颖而出，感化人类，甚至让学识、智力都处于人类顶端的名人们，甘心为"奴"？

第一，猫有功用价值。最开始，猫是有用的。农业革命之后，部分人类开始厌倦逐水草而居的生活，他们储存粮食、生很多孩子。人类秋收冬藏，辛苦耕种，粮食就是人类的生命，所以猫的出现就如同救世主一般，它们可以守护粮仓，由此抑制疾病蔓延。重要的是，它们对于人类别无所求。猫并不觊觎人类的粮食，也不留恋人类的屋子，它们冲进储藏室，叼着耗子就跑，既不鏖战，也不恋战。人类从未见过这样的物种，它们既不需要专人喂养，也不需要特别的水源。更重要的是，猫不是为了讨好人类才捕鼠的，它们天性如此。这让它们并不像是工具，而更像是盟友。

第二，猫情商极高，生存能力极强。野猫是顶级猎手，而那些厌倦杀戮的猫会自己"找饭票"。在野外的流浪猫保持了惊人的战斗力，它们昼伏夜出，捕食能力极强，老鼠、麻雀、鸽子等，都可以成为它们的食物。同衣食无忧的家猫相比，野猫火力全开。澳洲科学家曾经发出警告，表面上看起来人畜无害、弱小又可怜的流浪野猫已经成为自然界最具杀伤力的破坏王——没有之一。澳洲若干种珍稀动物几乎要被野猫捕杀到快要绝种的地步。

与此同时，那些不愿意继续过流浪生活的猫则知道怎么给自己找家——据《2018 年中国宠物行业白皮书》统计，32.6%的猫是通过捡的方式被带回家的。厌倦流浪生活的猫，总是有办法让人类心甘情愿带它们回家——蹭蹭他们的裤脚，或者就地打个滚。就这么简单，那又怎么样呢？可爱就够了。

不仅人类吸猫，大猩猩也吸猫。1985 年，一只会手语的大猩猩 Koko 终于得到了它梦寐以求的小猫，美国《国家地理杂志》拍下了那张经典的大猩猩 Koko 环抱着小猫一脸宠溺的照片。

灵长类动物都难逃猫咪的可爱，其他动物也是如此。1869年，爱猫作家马克·吐温去参观了法国马赛动物园，他用无比惊奇的语气忠实地记录下猫是如何征服大象，并且在体格和战斗力丝毫不占优势的情况下，是如何获得永恒的安全港湾的："巨大的大象有一个形影不离的小伙伴，是一只猫！一只普普通通的猫。但只有它可以爬上这头厚皮动物的肩膀，坐在它的背上。它高高在上，小爪子缩在胸前，在大象的背上晒太阳，睡长长的午觉。一开始，大象不乐意，用鼻子抓住它，把它甩到地上去。但猫很倔，马上又爬上去了。它的坚持终于打消了大象对它的成见。现在，它们再也不能分开。猫在好朋友的四条腿和鼻子中间戏耍，如果有一条狗靠近，它就躲到大象的肚子下面。值得一提的是，大象才不会错过教训几条靠得太近、威胁到它的小伙伴的狗的机会。"[1] 在以力服人的自然界，小猫咪深谙"柔弱胜刚强"的道理。

第三，猫的繁殖能力惊人。任何一种动物想要征服世界，必须得有足够的数量。蟑螂虽然数量众多，可惜它们并不可爱，也不治愈；大熊猫虽然可爱，但是数量太少，难以普及。

---

[1] 图书《猫的私人词典》，华东师范大学出版社，2016年版。

在繁衍后代这件事情上，公猫和母猫都兢兢业业，表现不俗。在中国明代皇宫中，猫咪互相追逐的场景有强烈的性暗示意味，是皇家子弟最好的启蒙教材，它们不仅生动活泼，而且天真无邪。确实，和其他猫科动物相比，猫不及老虎、狮子凶猛，但是老虎、狮子都已经快濒危了，猫的数量却在以惊人的速度增长，无论是家猫还是野猫。再加上现在绝大多数的猫都在城市中生活，天敌很少，因此数量增长很快。根据国际爱护动物基金会的测算，理论上，两只没有绝育的猫及其子孙后代在 7 年内可以产仔 42 万只。而那些成功存活下来的猫，一部分进入人类的卧室，成为人类终身的"精神毒品"；另一部分则继续流浪街头，接受着命运的选择。

第四，猫忍辱负重，搭上了人类文明的顺风车。要说见识过人类的阴暗面，猫应该最有发言权。在数千年的共生共处当中，猫或许比任何物种都清楚人类喜怒无常的本性。历史上，人类以爱之名杀了无数的猫，以宗教之名戕害了无数的猫。猫什么都记得，但是猫还是愿意放下芥蒂，走进人的内心。忍辱负重的猫等到了人类文明的曙光，这个文明不是指文化或者文字的产生，而是指人类终于不再高高在上、睥睨众生，人类意识到，和我们相依而居的动物，同样有被尊重和善待的权利。

第五，猫靠颜值和性格取胜。

这个世界上的动物很多，为什么猫占据了我们的卧室？科学家认为，这和猫的长相有密切关系。猫那水灵灵的眼睛、短短的下巴，就像是人类幼崽，而猫在进化过程中独特的"喵喵"叫声，和婴儿呼唤母亲的频率接近，这很容易让人类产生怜惜的感觉，想把它们抱在怀里，想拿鼻子蹭蹭它们的小脑袋。

猫的可爱让很多人无法抗拒，爱尔兰诗人叶芝就是一个最好的例证。一天，这位大忙人正打算离开都柏林的阿贝剧院，意外地发现剧院的猫趴在他的外套上睡着了。猫沉睡的侧脸实在太过可爱，作家不忍心将它惊醒，于是他小心翼翼地把外套那块布料剪下来，好让猫继续休息[1]。

最后，猫搭上了消费升级的顺风车，并且和城市里越来越庞大的"空巢"青年一拍即合。回顾历史，从来没有一种动物像猫一样牵动着人类敏感的神经；站在如今的时代节点，从来没有一种动物像猫一样给普通人以如此多的抚慰。

第五次单身潮来袭，越来越多的年轻人对社交失望、对婚姻恐惧、对职场无感，他们决定找个伴儿。和养狗相比，猫的

---

[1] 图书《猫：九十九条命》，湖南文艺出版社，2007 年版。

运动量小，不需要遛，也相对独立，这让养猫的年轻人觉得如释重负。确实，一开始他们只是想要个陪伴，猫需要的东西很少，一个猫窝，一碗清水，再抓上一小把猫粮而已。但是久而久之，当和猫建立了关系之后，就有一种想要为它们付出一切的冲动。开始给它们买最贵的进口无谷猫粮，挑选颜值最高的猫窝，在租来的客厅中间搭上两米高的猫爬架……空巢青年可能不舍得给自己买一杯奶茶，却要从牙缝里挤出钱来让自家的猫吃上最可口的白肉猫罐头，哪怕是为猫花钱花到口袋空空，也在所不惜。与其说是一个孤独的人类接纳了一只猫，不如说是猫施展自己的魔法，抚慰了那些年轻又孤独的灵魂。

如今，世界上绝大多数的猫都满足于自己的现状，在人类的客厅或者卧室里打鼾。而绝大多数猫奴都不会否认，当一只猫咪过来蹭你裤脚的时候，那就是一天当中最幸福的时刻。

②

猫和人类：当我选择了你，就是选择了脆弱

"如果你的宠物猫会说话，给你问一个问题的机会，但是时间很短，你会问一个什么问题？"

在一个闲聊论坛上，有网友这样真诚发问。

被点赞最多的那个回答是："我的猫到底爱不爱我？"

猫究竟爱不爱吃"铲屎官"精心挑选的猫粮？它们喜不喜欢价格昂贵的自动喂水机？它们确实没有狗活泼好动，不过每天都待在家里，它们会不会闷？……无数的问题，都是萦绕在"铲屎官"心头的未解之谜。

人类总是自称可以读懂万事万物，但是至今仍然没有一个人敢拍着胸脯说自己真正看透了猫，读懂了猫，走进了猫的内心。猫我行我素的行为方式，超出理解范围的面瘫脸，让我

们着迷，更让我们束手无策。

猫在乎主人吗？

在和猫朝夕相处的几千年时间中，这个问题堪称世界十大未解之谜之一，让人类百思而不得其解。

日本的学术研究团队做了一个实验。他们希望知道猫咪对于主人呼唤它们的名字，究竟有没有反应。实验也很简单，如果一只猫咪叫"小篮子"，那研究人员就将"小肘子 – 小狗子 – 小口子 – 小饼子 – 小篮子"这样的词组播放给它们听。

研究人员惊喜地发现，当听到自己的名字"小篮子"的时候，猫咪会有一种明显的反应，比如稍微动动尾巴，或者动动耳朵。

结果表明，猫确实能知道"铲屎官"在呼唤它们。只是大多数的时候，它们并不想理睬而已——被偏爱的都有恃无恐。

这个微不足道的发现让研究人员惊喜，斋藤敦子很快就把自己的研究成果发表在权威杂志上。能够听懂自己的名字，对于人类幼崽来说是基本的技能，但是体现在猫咪身上，则让成千上万铲屎的人们"喜大普奔"，不少老父亲老母亲流下了欣慰的泪水。

紧接着，第二个问题来了，猫会依赖人类吗？

2019 年，俄勒冈州立大学的研究者发表在《当代生物学》

上的一篇文章表明，猫咪实际上对朝夕相处的"铲屎官"相当依恋，类似于孩子对母亲的依恋。

他们怎么证明的呢？

研究者在实验室里放了一个奇怪的风扇，上面缠绕着彩色的带子。大多数猫咪看到这个发出"飕飕"噪音的怪东西会表现出害怕，本能告诉它们应该隐藏起来，而它们会率先躲到哪里去呢？绝大多数猫选择躲到自家"铲屎官"身后。当在背后默默观察一阵之后，大部分猫会镇定下来，好奇地靠近风扇，就像人类幼崽经过成年人类的安抚，就会变得勇敢一样，这是猫在和主人相处过程中形成的独特信任感。

这种信任感是非常宝贵的，证明猫在千百年来的进化过程中，有意识地让自己去理解并信任人类，对于拥有怀疑基因的猫科动物来说，这并不是一件容易的事情；而人类也在和猫相处的过程中，尝试去理解另一个物种的喜怒哀乐。

这种通过双向驯化而达成理解的过程，不仅惊人，而且伟大。

人类常常称呼马儿为自己的朋友，不过回想冷兵器时代，数不胜数的战马因为人类之间的战争被开膛破肚，真是让人不寒而栗；现代社会也没有好到哪里去，为了利用动物表演挣钱，人类会给有"微笑天使"之称的海豚服用抗抑郁的药物，好让它们持续表演，给体形硕大的虎鲸吃苯二氮　类药物，中止它们被人类圈养之后的自残行为；给在狭小鸡笼中度过一生的鸡服用百忧解，只是为了让它们不要过于恐惧死亡，让它们死后的口感更鲜嫩多汁些。如果你看过栏养的猪、临死前还要被注水的活牛、刚刚出生几个月就待宰的羊羔、非洲那些专门被繁育出来供富人射杀的狮虎，你就会明白，人类天性中的冷酷犹存，而人类用自己有限的温柔和理解去与猫相处，这是一件多么神奇又可贵的事情。

话又说回来，当猫决定同人类共处一室，并交付生命和真心之时，猫的命运注定不会完全掌握在自己的手中。当它们牺牲了自由与高冷，选中那个属于自己的主人时，它相当于把自己一生的幸福和命运赌在了这个人身上，它们的生存状态，在很大程度上取决于人类的良知、理解和爱。

曾经，猫都是自由的灵魂，它们独来独往不受控制。人们都以为猫生性凉薄，不像狗那样在乎离别，实际上，猫也会害怕离别，只是面对离别的焦虑程度因猫而异。英国一项调查显示，26.5% 的 1~3 岁猫咪会出现分离焦虑行为，它们不能够理解人类上班、长时间的出远门等，于是它们会用持续叫、过度舔毛或者拆家等行为，表达自己的不安全感。

很多人会将这样的不良行为视为猫天性中的粗鲁，有些人甚至以此为借口将猫送人或者丢弃，然而只有一小部分人们能够意识到，这是猫在用激烈的方式表达它们说不出口的爱意。

当猫选择了人，它就开始变得脆弱。

我们必须承认的是，人性中的博爱和险恶并存，这一点猫咪深有同感。我们总是以为，我们决定当一只猫（或者好几只猫）的"铲屎官"，就代表着我们会爱护它、尊重它、陪伴它，直到它生命的最后一刻。

或许猫也是这样认为的，当它们卸下防备，喵喵叫着走到人们身边时，它们也幻想过无数种美好的场景。

20世纪50年代到70年代，心理学家哈利·哈洛进行了一场长达20年的生物实验。

哈利选取了一些小猴子，让它们一出生就同自己的母亲分开。刚开始和母亲分离的小猴子，内心是无比痛苦的。于是哈利开始进行实验的第二项，就是给这些失去母亲的小猴子一位"代理母亲"。

这个代理母亲并不是另外一只猴子，而是经过科学家设计的无生命、无知觉的物体——有的是冷冰冰的铁丝，有的则是软绵绵的布娃娃；有的触手可及，有的却被放置在有机玻璃箱中，让小猴子能看到却无法触摸。

为了让恐怖升级，哈利还设计了很多怪物母亲，有的是用柔软的布做成但随时都会喷出高压气体的母亲，有的是等小猴子依偎在自己怀里之后，会突然猛烈摇摆的母亲，还有的是会朝小猴子发射铁钉试图伤害它的母亲。

令哈利吃惊的是，即便是如此变态的代理母亲，绝大多数小猴仍会一次又一次试图接近她们，并在明知道有可能会被攻击的情况下，仍试图依偎在代理母亲怀中。

通过这个臭名昭著的实验，哈利向世人揭示了爱与拥抱的重要性，爱不仅仅是一蔬一饭，更是温柔和抚触。实验证明了不仅是人类，包括猫在内的哺乳动物都对爱如饥似渴。

如果能够寿终正寝，猫同人类相处的时间能够长达十几年，在这期间，它们也预想不到这样的事情：有人一边说着猫咪是最心爱的宝贝，一边以殴打猫咪为乐；有人一边对妻子大发雷霆，一边将毫不知情的猫咪推下楼梯，看着它摔得屁滚尿流——这里屁滚尿流并不是一种形象化的比喻，而是一种猫咪因为惊恐而产生的真实反应；有人在公开场合是正人君子，回到家却对着猫咪口出恶言。

正常人在对弱小施暴的时候总是需要一些心理建设，现实生活中很多人甚至连杀鸡都不敢看。但并不是所有的人都如此，总是有一小撮人擅长颠覆猫咪给予人的百分百信任，并将其付之一炬。

知乎上有个提问："老公把猫打瘸了，算家暴吗？"实际上，根据澳洲的一项调查，绝大多数对宠物猫有暴力倾向的人都会对家庭成员有暴力倾向，因为失控在很多时候是不分对象的。

流浪猫更是如此，它们的猫生更为艰难，遇上不测的概率比家猫要高上许多倍。而在不少国家，绝大多数无人领养的猫会面临被安乐死的命运，因此，请用领养代替购买。

在中国，曾有机构做过一个调查，宠物猫中数量最多的就是我们本土的狸花猫，而其中很大一部分，就是领养来的，或者是在街上游荡的猫被带回了家。猫不必捕鼠，它们更多是作为宠物，静静地陪伴着"铲屎官"。

无须多言，一切都在眼神里。

3

"云吸猫"爆红之后

2017年2月,一个新鲜的名词在中国互联网开始蔓延,就是"吸猫"。最先使用"吸猫"这一表述的是一个名叫 ranranking 的网友,他在动漫论坛上发布了一篇名为《猫为什么这么容易上瘾》的帖子,说自己"回家第一件事就是把猫抱起来,不光用脸,用手臂脖子浑身上下使劲蹭……像厚厚的毛衣很多人也会忍不住捂住鼻子吸嘛,我觉得人对毛茸茸的存在是没有抵抗力的。"这样生动形象的表述引起了很多人的共鸣,"吸猫"一词随后病毒般地发酵蔓延,成为当代人类迷恋猫、依赖猫的最佳表述。

为什么猫这么好吸?原因在于,猫擅长用嗅觉解读信息。当它们蹭人类的时候,相当于在做标记:你是我的了。猫这种独特的"认证方式"让善于模仿的人类仿佛被猫下了蛊——亲亲猫的小脑袋，蹭蹭猫软绵绵的肚子，咬咬猫耳朵，和猫鼻尖对鼻尖——不管猫高兴不高兴，人类都能从中收割神奇的治愈力量。

猫是不会轻易将自己的气味交付出去的，对于猫科动物来说，留下自己的气味意味着危险。所以它们习惯埋屎、埋尿。如果一只猫愿意蹭蹭一个人的脸蛋或者裤脚，那就代表着它给了人类自己最宝贵的礼物——它的专属气味。

如今，互联网上有数量庞大的吸猫大军。比较初级的形式叫作"云养猫"，这些人往往被猫的可爱所倾倒，但又出于很多现实条件的限制而不能够真正养一只属于自己的猫，所以就在互联网上远程养猫。云养猫的成本非常低廉，不需要真正拥有一只猫，或者给猫买猫砂及猫罐头。对于古人来说，看猫画就是一种云养猫的方式。不过科技的发展给了现代人更便捷的吸猫途径，只需要关注一些著名的萌宠博主或者搜索猫的视频，海量的可爱猫咪就能够在几秒钟之内出现在眼前。除了吸猫，使用云养猫的表情包也是远程吸猫的基本礼仪之一。

中度吸猫者的症状表现为虽然自己没有猫，但是会抓住一切机会吸猫。机会不是天上掉下来的，往往需要自己创造。有经验的吸猫者懂得，和猫初次见面时，最好的套近乎方式就是提供美食。对于中度吸猫者来说，随身携带猫粮食是对猫基本的尊重。

怎样创造和猫偶遇的场景？比如投喂小区的流浪猫，趁它们吃罐头的时候趁机和它们对对鼻子，在脑门上吸一大口；比如经常光顾猫咖啡馆，嘴上说着需要换个环境工作，实际上到了咖啡馆之后就对猫咪左拥右抱，沉迷在吸猫的快乐中无法自拔，甚至还会自掏腰包购买猫咖啡馆中提供的猫粮，在和猫搞好关系的同时，抱着猛吸几口。有些亲人的猫会在此时卸下心防，用它们高贵的身体蹭蹭吸猫者，这样的肢体语言往往让人类大喜过望。

那些吸猫成瘾、终身难以戒猫的人，就称为重度吸猫者。这些人往往有一个共同点，就是自己养猫。他们不仅能够随时吸猫，而且不同的重度吸猫者还有不同的偏好，有的人喜欢吸猫脑袋，有的人喜欢揉猫爪子，还有人喜欢摩挲猫肚子——尽管他们不分场合的吸猫可能会让自己伤痕累累，不过，这就是爱的代价吧。

不管人类有没有意识到，猫，这种小型猫科动物，已经成了新的王者。只要人类对这些卧室里的小型狮子继续痴迷，整个猫科动物族群都将因此而受益。曾经，西方童话故事里把狮子、老虎刻画成血腥的杀人机器，中国传统故事中武松跟老虎肉搏的故事，曾经是我们心目中最具英雄主义的画面——勇敢、坚韧的人类，战胜了毫无感情的杀人机器。如今，人们开始努力保护老虎、狮子、豹子等大中型猫科动物免于灭绝。普通人也懂得要不破坏生态，不打扰这些动物的生活，抵制动物皮毛的商品。毕竟，没有买卖就没有伤害。

同时，不少人也在网上"云吸大猫"，在广大大猫爱好者的眼中，老虎有个萌萌的名字叫"小脑斧"；狮子有着无可匹敌的专注，因此显得格外帅气迷人；雪豹身材纤细，被誉为"猫中超模"……总之，在吸猫者的眼中，小猫、中猫、大猫都是猫，时而孤傲，时而活泼。时而温柔，时而野蛮，都令人心醉沉迷，都很好吸。

动物园中关着的老虎、狮子和豹子，年轻的家长不再会指着它们对孩子说："看，它们被关起来了，再也不会吃人了。"

而是会对孩子说："看，那只大猫，多可爱啊！"

从这个意义上来说，猫，是猫科动物中的英雄。

在无尽的历史长河中，究竟是人驯化了猫，还是猫驯化了人？

这是个好问题。

从已知的历史来看，这更像一种双向驯化。猫改变了人的思维方式，人则从猫那看似娇柔的外表和个性当中，获得了前所未有的治愈力量。

吸口猫再睡觉

这不是一本百科全书式的作品，但是却花费了我将近 3 年的时间。

在键盘上敲下最后一个字，我才惊觉，我们和猫的绵长故事，不过才讲了万分之一。

那些嘴上说着不爱猫的人，大抵根本就没有养过猫。而一旦养了猫之后，我们很容易分辨出，哪些猫是被爱着的，它们黏人、任性、可爱，就算是身处绝望中的人，也能够从猫身上找到生活的意义。

陪伴人类千万年，猫从不索取。它们只是想好了，愿意陪在我们身边而已。而我们能做的事情，或许就是用猫的方式，去表达对它的感激和爱意。注视着它，然后缓缓地闭上眼睛，再缓缓地睁开眼睛——那是猫表示接纳独有的方式，也是它说"我爱你"的方式。

最后，读一首有关猫的诗吧，来自诗人杨牧的《猫住在开满荼蘼花的巷子里》：

有点茶香在衣服和新剪的
头发上，在吹着小风的窗下盘旋
一只麻雀从隔壁的屋顶拍翅滑落
我们未必记得他的面目和名字
喜悦为眉毛停留，不曾画过的：
有时是觉得孤独些，阳光总是
这样晒着书籍和铅笔
水瓶里的雏菊飘摇着

总是这样的，可是不寂寞
不会：因为有书和笔，雏菊
和一只听话的猫。有些话
昨天说过今天再重复一遍
可能去年秋天就已经说过了
在钟楼下大树前，要不然就是
前生未了缘？是一句中断的
歌词，低回又扬起的管弦

想证明什么呢？光阴很长
很温柔，像猫猫的胡子
比吉他的调子更悠远

还带着茶香（当你抱着

一首宋诗，专心地调弦

和音，寻找准确的位置），昨天

曾经试过，在紧张的弦上

急促地拨弄着漫长的今天

酒在小杯里，耳环在灯下

牡丹，豆豆，石榴，葡萄，水仙

想证明宋诗可以和吉他配合

因为琵琶幽怨，箫太冷。证明

你遗忘的句子我全部记得——

颤抖的旋律在芦苇间漂流

主题似磐石在急流中屹立

证明这指法是对的，而颤抖的

旋律如倾斜泛红的肩

主题无非爱和战争。窗外

是疑似的薯叶，黄昏有雨

打过梦幻芭蕉；猫猫跑进

院子淋雨，麻雀惊飞上屋顶

这猫的面目和名字都好记

她住在开满茶蘼花的巷子里

参考文献

[1] 凯文·艾希顿. 如何让马飞起来 [M]. 陈郁文，译. 台北：时报出版，2016.

[2] 尤瓦尔·赫拉利. 人类简史——从动物到上帝 [M]. 林俊宏，译. 北京：中信出版集团，2014.

[3] 约翰·麦奎德. 品尝的科学 [M]. 林东翰，张琼懿，甘锡安，译. 北京：北京联合出版社，2017.

[4] 约翰·布莱德肖. 猫的秘密 [M]. 刘青，译. 北京：中国友谊出版公司，2018.

[5] 费雷德里克·维杜. 猫的私人词典 [M]. 黄荭，唐洋洋，宋守华，等译. 上海：华东师范大学出版社，2016.

[6] 多利卡·卢卡奇. 创造历史的一百只猫 [M]. 治棋，译. 北京：生活·读书·新知三联书店，2017.

[7] 尚普弗勒里. 猫：历史、习俗、观察、逸事 [M]. 邓颖平，译. 深圳：海天出版社，2019.

[8] 井出洋一郎. 名画里的猫 [M]. 金晶，译. 北京：中信出版集

团，2018.

[9] 刘仰东. 去趟民国 [M]，北京：生活·读书·新知三联书店，
2015.

[10] 刘仰东. 去趟民国：1912–1949 年间的私人生活 [M]. 北京：
生活·读书·新知三联书店，2012.

[11] 丰子恺. 缘缘堂随笔 [M]. 南京：江苏人民出版社，2016.

[12] 洛克斯顿. 猫：九十九条命 [M]. 李玉瑶，译. 长沙：湖南文
艺出版社，2007.

[13] 罗伯特·达恩顿. 屠猫狂欢：法国文化史钩沉 [M]. 吕健忠，
译. 北京：商务印书馆，2014.

[14] 安布罗斯·比尔斯. 魔鬼辞典 [M]. 李静怡，译. 新北：远足
文化，2016.

[15] 胡川安. 猫狗说的人类文明史 [M]. 台北：悦知文化，2019.

[16] 佐野洋子. 活了 100 万次的猫 [M]. 唐亚明，译. 南宁：接力
出版社，2004.

[17] 塞拉·希斯. 为何我的猫咪会这样 [M]. 李洁，译. 北京：文
化艺术出版社，2009.

[18] 海伦·斯特拉德克. 埃及的神 [M]. 刘雪婷，谭琦，译. 上海：
上海科学技术文献出版社，2014.

[19] Lens. 目客 004. 猫：懒得理你 [M]. 北京：中信出版社，2016.

[20] 布封. 自然史 [M]. 王思茵, 译. 南京: 江苏凤凰文艺出版社, 2017.

[21] 新凤霞. 美在天真: 新凤霞自述 [M]. 济南: 山东画报出版社, 2018.

[22] 黄永玉. 比我老的老头 [M]. 北京: 作家出版社, 2008.

[23] 陈子善. 猫啊, 猫 [M]. 济南: 山东画报出版社, 2004.

[24] 黄汉. 猫苑 猫乘 [M]. 杭州: 浙江人民美术出版社, 2016.

[25] 段成式. 酉阳杂俎 [M]. 北京: 中华书局, 2017.

[26] 单领军. 达恩顿《屠猫记》的新文化史学研究视角 [D]. 山东大学硕士学位论文, 2008.

[27] 李星星. 宠物与唐代社会生活 [D]. 安徽大学硕士学位论文, 2017.

[28] 管丽峥.《黑猫》与《兔和猫》《狗·猫·鼠》新解——从鲁迅对爱伦·坡的接受谈起 [J]. 鲁迅研究月刊, 2018(8).

[29] 刘景华, 张道全. 14—15 世纪英国农民生活状况的初步探讨 [J]. 长沙理工大学学报, 2004(9).

[30] 徐善伟. 15 至 18 世纪初欧洲女性被迫害的现实及其理论根源 [J]. 世界历史, 2007(4).

[31] 王子今. 北京大葆台汉墓出土猫骨及相关问题 [J]. 考古, 2010(2).

[32] 吴松弟 . 从人口为主要动力看宋代经济发展的限度兼论中西生产力的主要差距 [J]. 人文杂志，2010(6).

[33] 张哲，舒红跃 . 笛卡尔的"动物是机器"理论探究 [J]. 南华大学学报（社会科学版），2019(10).

[34] 王子今 . 东方朔"跛猫""捕鼠"说的意义 [J]. 南都学坛（人文社会科学学报），2016(1).

[35] 刘兴林 . 动物驯化与农业起源 [J]. 古今农业，1993(1).

[36] 刘兴林 . 中国史前农业发生原因试说 [J]. 中国农史，1991(3).

[37] 潘立勇，陆庆祥 . 宫廷奢雅与瓦肆风韵——宋代从皇室到民间的审美文化与休闲风尚 [J]. 徐州工程学院学报（社会科学版），2014(1).

[38] 王宏凯 . 古代的猫食 [J]. 文史知识，2018(9).

[39] 浙江省博物馆自然组 . 河姆渡遗址动植物遗存的鉴定研究 [J]. 考古学报，1978(1).

[40] 赵坤影，武仙竹，李慧萍，等 . 河南新乡宋墓家猫骨骼研究 [J]. 第四纪研究，2020(3).

[41] 王运辅 . 啮齿类的动物考古学研究探索 [J]. 南方文物，2016(02).

[42] 王金凤，张亚平，于黎 . 食肉目猫科物种的系统发育学研究概述 [J]. 遗传，2012(11).

[43] 纪昌兰. 试论宋代社会的宠物现象 [J]. 宋史研究论丛, 2015(1).

[44] 卢向前. 武则天"畏猫说"与隋室"猫鬼之狱" [J]. 中国史研究, 2006(1).

[45] 佟屏亚, 赵国磐. 家猫的驯化史 [J]. 农业考古, 1993.

[46] 王炜林. 猫、鼠与人类的定居生活——从泉护村遗址出土的猫骨谈起 [J]. 考古与文物, 2010(1).

[47] 胡耀武. 驯化过程中猫与人共生关系的最早证据 [J]. 化石, 2014(1).

[48] 袁靖, 董宁宁. 中国家养动物起源的再思考 [J]. 考古, 2018(9).

[49] 王宏凯. 民国养猫二三事 [J]. 文史天地, 2020(8).

[50] 赵丹坤. 狸奴小影——试论宋代墓葬壁画中的猫 [J]. 美术学报, 2016.

[51] 张涛, 冯志勇, 李丽. 鼠疫研究进展 [J]. 中国人兽共患病学报, 2011, 27(7).

[52] 卢世堂, 张涛. 猫在疾病传播中的流行病学作用探讨 [J]. 疾病预防控制通报, 2012(27).

[53] 张玉光, 王炜林, 胡松梅, 等. 陕西华县泉护村遗址发现的全新世猛禽类及其意义 [J]. 地质通报, 2009(6).

[54] 杨慧婷. 马王堆汉墓漆器所见狸猫纹初探 [J]. 湖南省博物馆馆刊, 2016(12).